国家社会科学基金项目(14BZS070)研究成果

陕西师范大学优秀著作出版基金资助出版

汉江上游历史特大洪水考证与风险评价研究

查小春　黄春长　著

科学出版社

北　京

内 容 简 介

本书综合分析历史文献记录中东汉、北宋时期洪水影响范围、强度和程度，结合洪痕沉积规律，首先考证了汉江上游 T1 阶地前沿沉积记录的东汉和北宋时期古洪水事件可能发生的年代，并采用 HEC-RAS 模型，从恒定流和非恒定流两个角度，模拟计算了东汉和北宋时期古洪水事件；然后结合实测洪水序列、历史调查洪水资料，以及考证获得的、沉积记录的东汉和北宋时期古洪水事件资料，分析评价了汉江上游安康段洪水灾害风险；最后分析了东汉和北宋时期古洪水事件发生的气候背景。本研究将古洪水研究与历史文献考证结合起来进行多学科交叉研究，解决了我国长尺度历史特大洪水长期无法定量问题，弥补了水文计算、风险评价中资料短缺的问题，促进了我国历史学科的发展。

本书可供有关决策部门，以及地理学、历史学、经济学、气候灾害及其社会影响研究领域的研究人员、工程师、教师和硕士、博士研究生参考使用。

图书在版编目(CIP)数据

汉江上游历史特大洪水考证与风险评价研究/查小春，黄春长著. —北京：科学出版社，2021.11

ISBN 978-7-03-070376-7

Ⅰ. ①汉… Ⅱ. ①查… ②黄… Ⅲ. ①汉水-上游-历史洪水-研究-东汉时代②汉水-上游-历史洪水-研究-北宋 Ⅳ. ①P337.2

中国版本图书馆 CIP 数据核字(2021)第 219639 号

责任编辑：孟美岑 柴良木/责任校对：何艳萍
责任印制：吴兆东/封面设计：北京图阅盛世

科学出版社 出版
北京东黄城根北街 16 号
邮政编码：100717
http://www.sciencep.com
北京凌奇印刷有限责任公司 印刷
科学出版社发行 各地新华书店经销
*
2021 年 11 月第 一 版 开本：720×1000 1/16
2023 年 4 月第二次印刷 印张：9 3/4
字数：200 000

定价：98.00 元
（如有印装质量问题，我社负责调换）

前　言

我国历史悠久，文献中关于洪水灾害的记载生动翔实，但多以定性描述为主。虽然在 20 世纪 70 年代我国水利工作者根据历史文献中的洪水资料，结合碑记、石刻等洪水标记，定量重建了一些河流的历史特大洪水水位、流量等，但时间尺度仅在百年内，对于时间久远的历史特大洪水，定量重建研究并不多见。

古洪水水文学是研究发生在历史时期及其以前未被人们观察或者记录的特大洪水事件。根据沉积记录的信息载体——古洪水滞流沉积物(slackwater deposits，SWD)，利用第四纪地质学、年代学和水文学等多学科交叉方法，可以定量重建古洪水发生的年代、水位、流量，为水利工程设计、防洪减灾等提供重要的科学依据。

本书在统计分析汉江上游历史文献中洪水灾害时空变化规律的基础上，整理了汉江上游古洪水水文学研究成果，发现在汉江上游 T1 阶地前沿的黄土-古土壤沉积剖面中，记录有东汉(25～220 年)和北宋(960～1127 年)时期的古洪水事件。首先，综合分析历史文献记录中东汉、北宋时期洪水影响范围、强度和程度，结合洪痕沉积规律，考证了东汉和北宋时期古洪水事件发生的可能年代；并采用 HEC-RAS 模型，选取合适的地形数据和水文参数，从恒定流和非恒定流两个角度，对东汉和北宋时期古洪水事件进行了水文模拟计算。然后，选择汉江上游洪水灾害严重的安康段，结合实测洪水序列、历史调查洪水资料，以及考证获得的、沉积记录的东汉和北宋时期古洪水事件，分析评价了汉江上游安康段洪水灾害风险。最后，从气候变化背景的角度，分析了东汉和北宋时期古洪水事件发生的气候背景。

本书是国家社会科学基金项目(14BZS070)“汉江上游历史特大洪水考证与风险评价研究”的研究成果，由陕西师范大学优秀著作出版基金资助出版。本书的完成，离不开我们研究团队每个成员的鼎力支持。感谢研究团队的庞奖励、周亚利老师为该项目研究所做的贡献，同时感谢庞奖励、周亚利老师所指导的博士、硕士研究生在汉江上游古洪水水文学方面所做的研究，使我们指导的研究生可以在此基础上对历史文献资料与古沉积学研究进行对比分析。硕士研究生姬霖、刘嘉慧、石晓静、王光朋、张国芳，博士研究生王娜等，为本书的研究承担了大量的资料统计、分析研究工作，硕士研究生姜雨璇、韩宜欣对文中部分图做了处理，在此一并致以深厚谢意。

本书具体章节主要完成和撰写人员如下：第 1 章，查小春、姬霖、刘嘉慧、张国芳；第 2 章，刘嘉慧、王光朋、张国芳；第 3 章，查小春、刘嘉慧、张国芳；第 4 章，查小春、姬霖、刘嘉慧；第 5 章，查小春、姬霖、刘嘉慧、王光朋；第 6 章，查小春，王光朋；第 7 章，查小春，张国芳；第 8 章，查小春、王光朋；第 9 章，查小春、姬霖、刘嘉慧、王光朋、张国芳。全书由查小春统稿，黄春长对本书给予了总体指导。

本书中不可避免地存在一些问题，敬请读者批评和指正，作者将在以后研究中进一步完善。

作　者

2020 年 9 月于西安

目　录

第1章　绪　　论

1.1　研究背景

洪水灾害是突发性强、发生频率高、破坏力大的气象灾害之一。在全球造成损失的各种自然灾害中，洪涝占40%，热带气旋占20%，干旱和地震灾害各占15%，其余的自然灾害仅占10%[1]。近年来，在全球气候变暖的大背景下，极端降水事件呈增加趋势，洪水灾害发生的频率和强度日益加剧。同时，随着现代人类经济的高速发展以及城市化的快速推进，人口向沿河、沿海等发达地区集中，洪水灾害造成的损失呈逐年上升趋势[2]。国际紧急灾难数据库(EM-DAT)自然灾害统计资料显示[3]，1949～2013年，世界范围内不同规模、不同频次的洪水灾害发生了2600余次，造成约2800亿人口受灾，经济损失高达3572.65亿美元，约170个国家和地区受到洪水灾害的威胁。尤其是20世纪80年代以来，全球范围内洪水灾害频次不断增加，灾害引起的人员伤亡和经济损失剧增。以美国为例，洪水灾害造成的经济损失由20世纪初的13.6亿美元增加到了20世纪末的55.6亿美元，增长了3倍。而且，联合国政府间气候变化专门委员会(IPCC)第五次评估报告和近年来对极端降水变化趋势预估成果[4,5]，均指出全球气候变化引发的极端降水事件增加，必将导致未来洪水灾害发生的频率增加。

我国处于欧亚大陆东部，经纬度跨度广，季风气候区面积大而且分布广，也是世界气候异常的脆弱区域[6]。由于受欧亚大陆与太平洋、印度洋水体热力性质差异和副热带高压带及西风带季节性迁移等因素的影响，在时间上，降水主要集中在夏秋季节，年际变率大，且空间分配极不均匀；在空间上，呈东多西少、南多北少以及从东南沿海向西北内陆递减的规律。同时，我国地形起伏大，复杂多样，地势西高东低，呈三级阶梯状分布。我国特殊的地形地势决定了主要江河水系河网密布、支流多呈树枝状分布、自西向东入海的总体走势[6]。而且，我国人口众多，主要集中分布在几大江河的冲积平原以及河谷川地与盆地地带，这些地区社会经济发达，受洪水灾害威胁最大[7]。在大范围的强降雨天气背景下，河流上中游的径流迅速由支流汇入干流，向下游汇集，下游河流比降较小，多为人口和财富集中分布的平原地区，排泄不畅，极易引发洪水灾害。

我国古代典籍中对历史时期的洪水灾害多有记载，如早在 2500 年前的先秦时代，《管子·度地》就有“五害之属，水最为大”记载[8]。4000 年以前的鲧禹治水故事，说明上古时期我国存在一段洪水灾害多发期[9]。除此之外，考古学家也发现了如芍陂、都江堰、郑国渠等一系列历史时期防洪减灾的水利设施，佐证了我国历史时期洪水灾害多发[10]。而且，据不完全统计[11]，自公元前 206 年（秦汉时期）到公元 1949 年的 2155 年间，我国共计发生可考查的洪水灾害 1100 次左右，平均每两年发生 1 次。1950～2000 年，几乎每年都有不同规模的洪水灾害发生，在此期间，洪水灾害累计受灾面积达 47800 万 km^2，房屋倒塌 1 亿余间，死亡人数达 26.3 万人[12]。

当前，随着我国经济的高速发展，我国境内因洪水灾害导致的经济损失有逐年攀升的趋势。20 世纪 90 年代以来，全国年均洪水灾害损失约达 1100 亿元，相当于同期国内生产总值的 1%～2%[13]。特别是 1998 年，发生在长江、松花江、嫩江的大洪水，全国 34 个省级行政区中有 29 个受到了洪水灾害的侵袭，受灾人口 2.23 亿人，死亡 4150 人，直接经济损失达 2460 亿元[14,15]。进入 21 世纪以来，我国洪水灾害频发，对我国造成的社会经济损失呈增长趋势(图 1-1)，尤其 2010 年的洪水灾害对我国造成的直接经济损失高达 3505 亿元，一些严重的洪水灾害甚

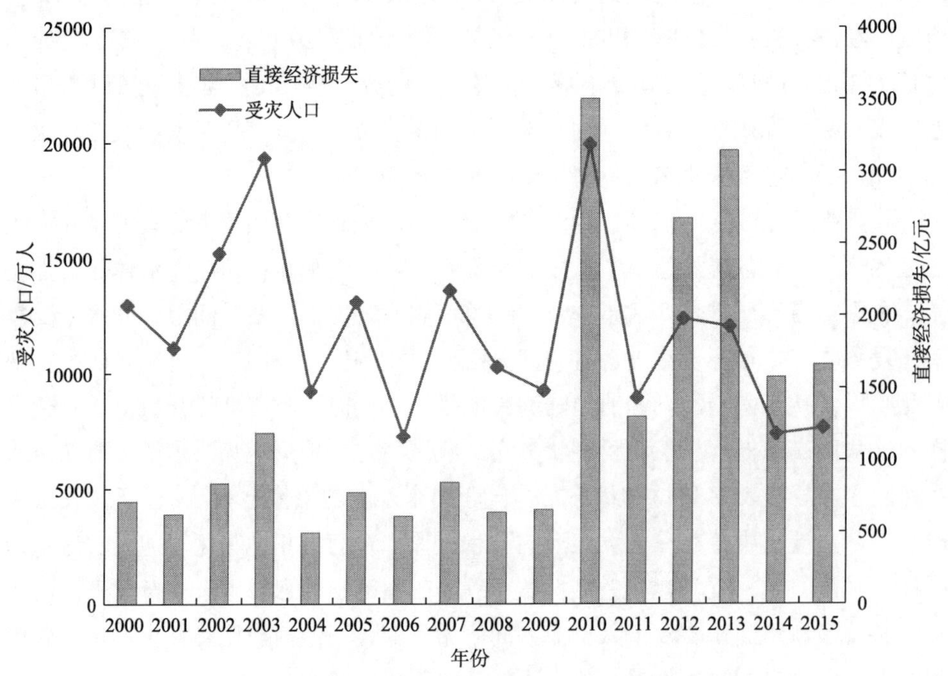

图 1-1 我国 2000～2015 年暴雨洪水灾害损失情况[16-21]

至导致了大规模的受灾人口需要转移和安置[16-21]。而且，陈活泼[5]等对21世纪末中国极端降水事件的变化进行研究发现，逐渐增强的东亚夏季风环流，增大了输送到我国的水汽，使得我国年降水量将显著增加，这表明在全球气候变化的大背景之下，未来我国仍将面临洪水灾害的严重威胁，防洪减灾任务艰巨。

汉江是长江最大的支流，发源于秦岭南麓陕西省汉中市宁强县大安镇的嶓冢山，其干流自西向东流经陕西、湖北两省，在武汉汇入长江，全长1577km，流域面积1.59×10^5km^2。其中湖北省丹江口以上流域为汉江上游，长925km，流域面积约为9.52×10^4km^2[22]，是南水北调中线工程的重要水源地。汉江上游地形以河谷盆地与峡谷相间分布为主，河网密布，且支流多为山溪性河流，比降大，暴雨天气下极易形成产汇流，往往峰高量大，涨落急；本区属北亚热带边缘湿润季风气候区，雨量充沛，降雨量年内分配极不均匀，其中5～10月降水量占全年降水量的80%，且米仓山和大巴山是秦岭南部典型的暴雨中心区，7～9月经常会出现历时短、强度高的局部暴雨天气，极易引发洪水灾害。据统计[23]，汉江上游自公元前208～公元2010年，共发生洪水灾害336次，平均每6.6年发生1次，年平均洪灾损失达到4.452亿元。而位于汉江上游秦巴腹地的安康市，是关中-天水经济区、汉江经济区和成渝经济区的几何中心，人口密集，经济发达，其特殊的地理位置，使安康市洪水灾害频繁发生，经济损失惨重。例如，1983年7月31日安康洪灾是1949年以来安康市受损失最大的一次洪水事件，洪水使安康市老城区基本被淹，倒塌房屋30000余间，冲毁农田2000hm^2，死亡约870人，直接经济损失达4.1亿元[22]；2010年7月18日安康洪灾，造成老城区和部分郊区被淹，直接经济损失约7.87亿元。

然而，曹丽娟等[24]研究未来气候变化对黄河和长江流域水文极端事件的影响时指出，未来汉江流域发生洪水的可能性增大。作为我国南水北调跨区域水资源调配工作中线工程起点的汉江上游，承担着我国北方地区绝大部分省份的水资源补给重任，从科学的角度认识汉江上游洪水灾害的发生演变规律，并制定行之有效的防洪救灾对策成为当务之急。

但是，我国现有实测洪水系列时间尺度仅为数十年，最长不到百年。在洪水风险评价中，依据短尺度实测资料来评价洪水风险必然会产生较大的误差[25]。虽然20世纪70年代我国水利工作者根据历史文献中的洪水资料，结合碑记、石刻等洪水标记，定量重建了一些河流的历史特大洪水水位、流量等[26,27]，以尽量取得较为久远和可靠的历史洪水资料，起到延长水文系列，提高设计洪水精度的重要作用。但是，这些重建的历史洪水时间尺度仅在百年内，对于时间久远，缺乏碑记、石刻等的长尺度历史特大洪水，即使历史文献中有大量记载生动翔实的洪水事件，但几乎都以定性描述为主，定量重建研究并不多见。

古洪水研究是当前全球气候变化研究的前沿课题，研究发生在历史时期及其以前未被人们观察或者记录的而被地表沉积物记录的特大洪水事件[28,29]，它是水文过程对极端性气候事件的瞬时响应。依据沉积记录的信息载体——古洪水滞流沉积物，利用第四纪地质学、年代学和水文学等多学科交叉方法，可以定量重建洪水的年代、水位、流量，获得河流超长时间尺度特大洪水序列信息，弥补现代水文观测资料的不足。目前，美国、法国、西班牙等学者已在这方面研究取得了显著成果[28-33]，我国学者也在长江、黄河、淮河等河流做了大量的研究工作[34-36]。我们的研究团队近年来在黄河干流、渭河流域开展了一定的古洪水水文学研究，并有一系列的研究成果在高层次的刊物发表[37-72]。

近年来，我们的研究团队在对汉江上游开展古洪水水文学研究时[73-110]，发现T1 阶地前沿黄土-古土壤沉积剖面中，距离地表 20cm 深度内含有东汉、北宋时期的特大洪水滞流沉积物，这就为我们考证研究历史特大洪水事件提供了材料。为此，本书首先总结和整理我们的研究团队近年来针对汉江上游的古洪水研究成果，然后收集和整理汉江上游及其周边的历史文献记载，对汉江上游沉积记录的东汉、北宋时期古洪水事件进行年代考证，并采用 HEC-RAS(hydrologic engineering center-river analysis system)模型进行洪水模拟计算，最后结合实测洪水序列和历史调查洪水数据，对汉江上游洪水灾害严重的安康段进行洪水风险评价。该研究结果不仅延长了汉江上游洪水序列，而且也为汉江上游水利工程建设、水资源管理和防洪减灾等提供了重要的水文资料。

1.2　国内外研究进展

1. 历史洪水灾害研究

国外专家学者在 20 世纪下半叶开始关注历史洪水在洪水发生频率分析中的重要地位。1968 年，Benson 和 Dalrymple[111]首次在洪水频率曲线拟合中用到历史洪水资料，认识到洪水发生频率分析中历史洪水起着很重要的作用。20 世纪 60 年代末～80 年代初，美国学者 Wolman 和 Miller[112]、Mackin[113]、Tinkler[114]将历史洪水与实测洪水的误差纳入计算洪水频率，一定程度上提高了洪水频率计算的精度。

20 世纪 80 年代之后，国外专家学者围绕历史资料对洪水频率分析的重要指示作用进行了研究，认为历史资料中的洪水信息，可以延长洪水序列，提高数据的可靠性和洪水重现的精确度。例如，英国学者Sutcliffe[115]以英国的约克、诺丁汉和诺里奇等地区为例，根据桥梁修复痕迹、历史文献记录以及居民口述记录等信息来研究洪水的发生规律，延长研究区洪水序列，并指出增加洪水研究尺度的重要可靠来源为历史文献记录。Sutcliffe[115]还在书中提到，中国拥有丰富悠久的历史文化资料，运用历史文献记录来研究洪水发生规律，不仅可以为区域防洪工程设计提供可靠的数据依据，也可以延长区域洪水序列。英国学者Hosking和Wallis[116]运用计算机模型评价了历史资料数据对洪水频率分析的重要性，他们认为洪水序列和历史特大洪水记录都来自其分布极值和分布分位数，许多模型都验证了分位数的评估是准确和可行的。波兰学者Strupczewski等[117]运用计算机模型，验证了洪水频率研究中历史特大洪水记录的重要性，认为历史洪水记录可以提高洪水频次统计和洪水测年的准确度。可见，国外水文学学者也发现历史资料对洪水频率分析具有重要的指示作用，可以延长洪水序列，并能提高洪水重现的精确度和数据的可靠性。

我国文化深厚，史料丰富，有关水旱灾害的记载从未间断，这为我国从事历史时期洪水研究的学者提供了有价值的历史参考。我国学者在民国时期就开始了对于史书文献中历史洪灾灾害的研究。上海国立暨南大学史地系教授陈高佣[118]通过对中西做比照分析，运用编年体的记载方式，将我国历史时期两千多年间(自秦朝至清朝)的自然灾害记录划分为了水灾、旱灾、内乱、外患等六大部分，为我国学者研究历史时期的洪水灾害提供了更加清晰明确的数据指导。邓云特[119]通过整理历史文献资料，首次将我国历史时期(从远古至民国时期)的自然灾害记录做了统计整理分析，研究了其发生情况和发展演变规律，并分析了各类自然灾害产生的原因及联系等，最后从多方面对各类自然灾害做了影响分析和比较研究。

自1949年以后，我国历史洪水的研究迎来了朝气蓬勃的发展时代。袁林[120]将我国历史上西北地区的不同自然灾害进行了逐一统计分析，对研究西北地区不同历史时期洪灾的情况提供了有利的数据支撑。史辅成等[26]从宏观的角度描述了黄河流域的洪灾发生状况，并进一步分析了黄河流域洪灾特征以及发生频率，进而对历史洪水数据逐条进行分析统计，最后取得了洪水的定量分析的成果。王绍武和黄建斌[121]结合史料文献的记载，探究了气候变化与中华古文明兴衰的关系，尤其是洪水事件对古文明的影响。满志敏[122]对我国不同时期的历史文献记载的洪水灾害进行了等级分类和参数化分析，重建了我国东部不同地区的旱涝演变序列，并总结了我国历史时期洪水灾害的时空特征。葛全胜等[123]对我国历朝历代的气候干湿状况进行了对比研究，建立了千年尺度的旱涝序列，分析了气候变化与朝代兴衰的关系，并对历史时期的极端降水事件做了相关研究。骆承政[27]对我国不同地区河流的洪水灾害进行分类处理，并将20世纪80年代之后的洪水调查资料纳入其中，从而更进一步完善了我国的洪水资料情况，使洪水资料更加系统化、规范化。

近些年来，一些学者[123-126]逐渐借用计算机模型和统计分析软件来分析历史洪水灾害的时空变化规律。例如，张德二等[127]、郝志新等[128]在统计分析我国丰富的历史文献信息的基础上，重建了我国东部地区千年尺度的干湿、旱涝演变规律的时间序列。周俊华等[129]将历史资料与报刊数据相结合，以县域为单位，对1736～1998年我国淮河、黄河、长江、海河、珠江等流域内洪水灾害的持续时间进行分析，并对流域内的时间序列进行重建，得出1949年之前，全国范围内洪水灾害平均持续时间有增大的趋势，1949年之后有在波动中减小的趋势。万红莲等[130]对600～2000年宝鸡地区的洪水灾害史料进行数理统计并进行等级划分，得出1400年间的洪水灾害的时空分布规律，并分析了洪水灾害形成的原因。苏慧慧[131]整理了山西汾河流域公元前730年到公元2000年的旱涝灾害的历史资料，建立水旱灾害的等级序列，并运用最小二乘法分析洪水灾害的发生年际变化规律，经5次多项式拟合出汾河公元前8世纪到公元20世纪洪水灾害发生频次，为山西地区的气候变化研究和防灾减灾提供了重要的参考价值。楚纯洁和赵景波[132]通过对历史文献的整理分析，提取了北宋和元代豫西山地丘陵区的洪水灾害信息，并运用小波分析法比较了两个时期的洪水灾害发生的时空分布特征。徐虹等[133]结合历史资料和文献记载，运用SPSS软件分析了612～2000年黑龙江省的暴雨洪涝、干旱、风雹等各类气象灾害在省内的时空分布规律，总结得出1900年之前暴雨与洪水灾害发生次数最多，1900年之后各气象灾害发生随时间推移有不断增长趋势的结论。朱圣钟[134]、马强和杨霄[135]分别对明清时期的川西凉山地区和嘉陵江流域旱涝灾害的资料进行整理，发现地区内差异很大的规律，并且川西地区洪水灾害的频次明显多于旱灾。孙金岭等[136]通过系统整理和分析清代、民国时期河西走廊地区的历史文献资料，提取出洪水灾害信息，运用最小二乘法原理分析洪水灾害发生的阶段性特点，并基于小波分析探讨了洪水灾害发生特征及其反映的气候变化，得出影响河西走廊地区洪水灾害的发生可能与南方涛动以及太阳活动周期等相关的结论。

2. 古洪水事件研究

相比历史文献记载的洪水灾害研究而言，更长时间尺度的古洪水水文学研究开始较早。古洪水是指发生在历史时期及其以前被沉积物所记录的特大洪水事件[28,29]，它是水文过程对极端性气候事件的瞬时响应。对古洪水水文学开展研究，不仅能获得河流超长时间尺度特大洪水序列信息，弥补现代水文观测资料的不足，而且也能揭示区域水文变化对全球气候变化的响应[28,29,137]。

1835 年美国学者 Hitchcock 认为 Connecticut River 发现的洪水沉积物，是《圣经》中诺亚时代的大洪水形成的[138]。19 世纪中叶，Charles Lyell 在峡谷河流中发现含有砾石以及水平层理的黏土物质，认为该物质是洪水沉积所致，并将其命名为洪积物[139]。19 世纪后期，Dana[140]在深入研究 Connecticut River 河流阶地的基础上，证明了 Hitchcock 的推论，并根据沉积物的位置分布对该期大洪水的洪峰流量进行了恢复计算。19 世纪末，对 Dana 计算结果的争论和怀疑之后，Tarr[141]在 Colorado River 发现更多的类似沉积物，并对这些沉积物进行了详尽的特征描述。

20 世纪早期，美国学者 Bretz 对美国西北部深切河谷的洪积物分布地点进行统计，总结得出这些洪积物多分布在支干流的河口交汇处，此研究结果为古洪水水文学研究树立了新的里程碑[142,143]。随后，国外古洪水水文学研究区域不断扩大，基础理论不断发展，并一步一步趋向成熟。例如，Benito 等[144]详尽记录和分析了西班牙中部河流 Tangus Rive 全新世和晚更新世的古洪水沉积学特征，为古洪水水文学的研究提供了参照。美国学者 Baker 系统研究和总结了古洪水的研究成果，这一成果堪称古洪水研究的典范[28,145-151]，而且他的团队对古洪水水文学的研究涉及北美洲、南美洲、大洋洲、亚洲、欧洲等众多国家和地区，对古洪水水文学的研究发展做出了巨大的贡献[152]。

与国外相比，我国古洪水水文学作为新兴的研究领域起步相对较晚，迄今为止，虽然仅仅经历了 20 余载，但是我国学者已经取得了卓著的研究成果，古洪水水文学在国内也得到了迅速的发展。从我国古洪水水文学研究的空间分布区域来看，主要分布在黄河流域及其支流、长江流域及其支流、海河流域、淮河流域及雅鲁藏布江流域等国内著名河流流域。南京大学的朱诚等[35,153-155]将环境考古学与古洪水水文学相结合，依据长江流域的三房湾遗址、钟桥遗址、下沱遗址、玉溪遗址等考古遗迹，开展长江流域的古洪水水文学研究及其与气候变化的响应关系研究；陕西师范大学黄春长科研团队[37-110]对黄河流域(漆水河、泾河、伊洛河、渭河等)和汉江流域的古洪水滞留沉积物做了沉积学的鉴别，并总结出古洪水滞留沉积物的诸多显性特征，提出了计算洪水位的新方法，并采用光释光(optically stimulated luminescence，OSL)测年技术确定古洪水事件的发生年代，借用一些水文模型重建古洪水事件的水位和流量；北京大学的夏正楷等[156,157]在对黄河流域、海河流域、淮河流域等地人类文明的遗址发掘中探索了史前大洪水对人类不同文化时期的影响；河海大学的谢悦波、杨达源等[34,36,137,158-161]总结了古洪水 SWD 的诸多显性特征，提出了计算洪水位的新方法，并采用 OSL 测年技术确定古洪水事件的发生年代，借用一些水文模型重建古洪水事件的水位和流量；等等。这些研究成果使得古洪水水文数据的时间序列得以延长，为水利枢纽工程的建设提供了理论依据，具有一定的参考价值。

3. 历史洪水考证研究

历史洪水考证通过实地考察和调查，依据碑文、石壁记载和洪痕，以及社会及个人发生的重大事件的回忆等，调查历史洪水，考证洪水发生的时间、水位和有关历史排序等。

历史洪水的研究在一定程度上延长了洪水序列和洪水考证期，提高了我们分析特大洪水发生频率的精确度。史辅成等[26]采用了具体的科技手段，对黄河流域历史时期的洪水灾害做了调查分析，考证了黄河流域历史时期洪水灾害产生的时间及其最大水位，定量计算了洪峰流量，并对这些数据进行统计整理，得到了黄河流域历史洪水序列，大大弥补了实测资料的不足，为黄河中游小浪底和三门峡等防洪水利工程的设计提供了科学的参考依据。杨毅[162]在查阅云贵高原上红水河沿岸历史文献、故宫档案资料基础上，调查和考证了云贵高原上红水河的历史洪水资料，特别是对天峨以下约 300km 长的河段五处重要的碑文、石壁记载做了深入的调查和考证分析，基本确定了近 150 年以来的 15 次历史大洪水，对岩滩水电站设计洪水提供了重要的水文数据。张星[163]结合历史文献的洪水数据，以确立的历史洪水调查“三三制”准则，调查了广西右江历史洪水，结合历史文献的洪水数据，提高了该流域洪水重现期的精度。陈海山[164] 在分析历史洪水位、流量计算、重现期调查方法，以及合理性检查过程的基础上，总结了历史洪水的调查方法。杨晓飞[165]通过调查沿新丰河(西江支流)发生的洪水，特别是选择代表断面的洪痕，反推其洪水流量，然后计算和对比了各频率下洪峰流量的合理性，探析了历史洪水在验证设计洪水成果合理性分析中的作用，此项研究解决了中小河流设计洪水计算中实测洪水资料短缺的问题。叶道良[166]统计了福建省的长系列流量数据，考证了 200～100 年前历史最大洪水资料，论述了河流水量分布和水能资源，指出福建省历史洪水发生频次最多的是梅雨型降水，历史最大洪水是台风型降水，而在历史时期发生的最大洪水则是由台风型降水造成。

王岩等[167]指出历史洪水调查研究的重要意义在于将历史洪水的记录加入洪水的序列中，从而长尺度地分析洪水发生的频率。该研究不仅可以给洪水设计提供相对精确的数据，也为我们提供了历史洪水的发生年代和准确的考证期。黄运才和秦秉直[168]对漓江桂林河段的历史洪水进行调查，调查范围包括洪痕石刻、洪痕划记、测量和历史洪水文献等，定性定量地分析了洪水发生的频率，并对桂林上下游及其附近水文站的数据做了整编，对该流域1885年洪水重现期的确定做了论证。王尚义和任世芳[169]阐述了历史洪水研究的程序，一般为：先从历史文献中查找特大历史洪水的发生时间，接着在野外实地考察寻找洪水痕迹，并对洪水痕迹进行分析研究，最后计算恢复出洪水的洪峰流量。这种对历史洪水的研究在一定程度上延长了洪水序列和洪水考证期，提高了分析特大洪水发生频率的精确度。辛忠礼和文琼秀[170]为了提高溪洛渡水电站设计洪水的精度，对该区域历史洪水研究了几十年，分析出了洪水发生的频率和变化规律，将历史洪水的研究成果运用到了水电站的设计规划中。史威等[171]为提高史前洪水研究的可信度，结合现代洪水沉积特征的野外调查，分析了考古遗址的高程与历史异常高水位等，并运用历史洪水考证的方法，对长江上游玉溪剖面公元前6567～前6489年的淤砂层沉积物进行了研究，探讨了该地点古洪水沉积物的发生规模和洪水变化特征。这些研究成果为防洪工程设计提供可靠的数据，不仅具有重要的水文学研究价值，而且对防洪工程建设具有重要的现实意义。

4. 洪灾风险研究

洪水是一种自然现象，发生洪水不一定会发生洪水灾害。但在自然或人为因素作用下，水量或水位超过江河、水库、湖泊等容水场所的承纳能力，影响到人类正常的生活和生产活动，给人类带来一定的损失和祸患时，就会产生洪水灾害。与其他自然灾害一样，洪水灾害的产生、发展以及消亡的整个变化过程是人类社会与自然关系的一种表现[172]。

从灾害学角度，洪水灾害的形成必须具备以下三个条件：一是存在致灾因子，即诱发洪灾的因素，如暴雨、台风等；二是存在孕灾环境，即洪灾产生的自然环境和社会环境，如地形地貌、水系分布等；三是存在承灾体，即洪水影响区域有人类居住或分布有社会财产，如城市建筑物、基础设施等[173,174]。致灾因子、孕灾环境、承灾体相互作用决定了洪水灾害的大小，即灾情。从系统论角度，洪水灾害系统是致灾因子、孕灾环境、承灾体、灾情四个子系统之间相互作用、相互联系、相互影响所形成的具有一定结构和功能的复杂系统[175]，如图1-2所示。可

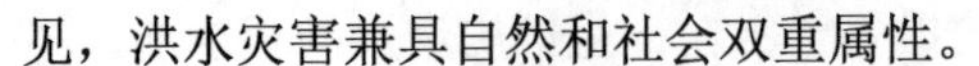
见，洪水灾害兼具自然和社会双重属性。

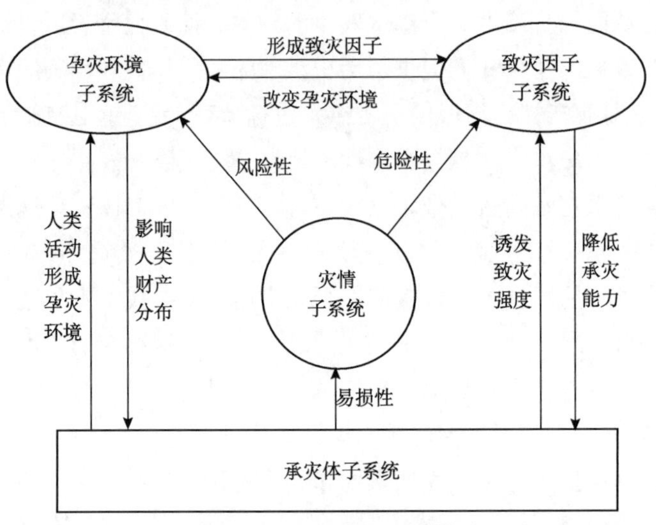

图 1-2　洪水灾害系统[175]

关于洪水灾害风险，不同的研究者有不同的理解和解释。Ologunorisa[176]认为洪水灾害风险是致灾因子危险性和承灾体脆弱性两者的函数关系；欧盟理事会将洪灾风险定义为一次洪水发生的可能性及其对人类健康、周围环境、文化遗产和经济活动等带来潜在的不利影响的事件[177]；Crichton 等[178]从自然灾害风险的定义出发提出了洪灾风险三角形概念模型(图 1-3)。魏一鸣等[179]指出洪水灾害风险是某一区域遭受不同强度洪水的可能性及其造成的结果。蒋卫国等[180]认为洪灾风险是致灾因子、孕灾环境、承载体等三者的综合函数。

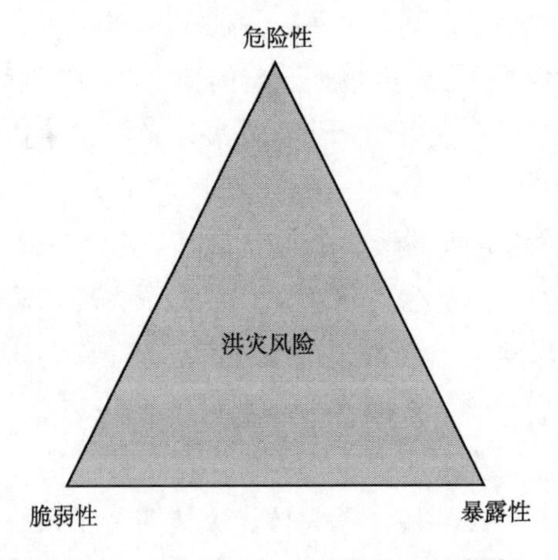

图 1-3　洪灾风险三角形概念模型[178]

黄崇福等[181]则认为洪水灾害风险是气象因子和社会因子的合成。张会等[182]认为洪水灾害风险是由危险性、脆弱性、暴露性和防灾减灾能力四个要素构成的(图 1-4)。目前，对于洪灾风险定义的认识基本达成了一致，即洪灾风险是不同强度洪水发生的概率及其可能造成的洪灾损失。

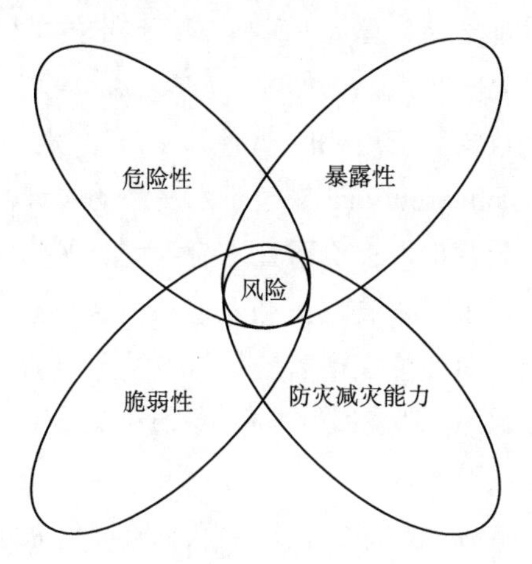

图 1-4 洪灾风险形成概念模型[182]

洪灾风险评价就是通过选取影响洪水灾害风险的自然环境和社会经济等各指标，采用一定方法和模型，综合成单一指标，分析该地区发生洪水灾害风险的可能性及其损失的程度，确定该区域的洪灾风险等级并对其进行分析的过程[175]。洪灾风险评价主要包括洪灾危险性评价、洪灾易损性评价和两者的综合评价三个方面的内容。

洪灾危险性是指洪灾系统中孕灾环境和致灾因子的各个自然属性要素的概率分布[183]。其随机性、高维性、模糊性的特征致使难以对其直接进行描述，通常用洪水过程强度或规模(如洪峰流量、洪峰流速、洪峰水位、洪水历时等)、洪水发生频率(洪水重现期)、洪灾影响区域下垫面属性(如地形地貌、河网密度、植被覆盖等)指标的概率分布来描述。洪灾危险性分析就是研究洪水发生频率以及不同频率洪水的淹没范围、淹没水深等强度指标。洪灾危险性评价就是在危险性分析的基础上，依据洪水强度指标对研究区洪灾危险度等级的划分。

洪灾易损性是指承灾体在遭遇不同强度洪水时可能的损失程度[184,185]。基于此，对洪灾易损性进行分析，首先应对洪水可能威胁与损害的对象进行辨别并估算其价值，其次对这些对象可能的损失程度进行估算。洪灾易损性评价就是依据损失程度对研究区洪灾易损度进行等级划分。

洪灾综合风险评价是基于洪灾危险性评价和洪灾易损性评价，对不同强度洪水可能造成的损失进行计算，对研究区洪灾风险进行综合等级划分[186]。

目前，国内外对洪灾综合风险评价的研究不断深入，尤其是进入 21 世纪以来，随着遥感(remote sensing，RS)技术与地理信息系统(geographic information system，GIS)技术的不断发展，基于 RS 和 GIS 技术为基础的洪水风险分析评价研究成为国内外学者研究的热点。例如，Sinnakaudan 等[187]结合了洪灾形成的两个因素，基于实测洪水数据，应用 GIS 软件和 HEC-6 水力模型对 Padi 河流域进行了洪灾风险评价；Most 和 Wehrung[188]基于水文站的设计洪水频率，利用 Delft1D 和 2D 模型进行溃堤情景模拟，评价研究了荷兰堤防保护区的洪灾风险，并估算在堤防保护区发生洪水时的可能伤亡人数及造成的经济损失；Robins 等[189]以内华达州伊凡帕山谷为例，对沙漠中山麓地带与沙漠盆地的洪灾风险评估做了对比研究；Kim 等[190]提出了洪灾风险评估的基于区域回归分析法；Elmoustafa[191]提出了多标准决策分析技术；等等。

我国学者利用 RS 和 GIS 技术，也对洪水风险评估做了一定的研究。例如，谭徐明等[192]在数据库和 GIS 技术支持下，利用近 300 年水灾资料序列、当前自然和社会经济数据，采用统计学和模糊聚类的方法，完成了区域洪灾风险分析及全国洪灾风险区图的绘制；张琴英等[193]基于实测洪水序列数据，应用 Arc View 和 ArcInfo 软件，模拟了西安市浐灞生态区不同重现期洪水的淹没情况，为该区域的防洪减灾建设提供了参考；李明辉等[194]从洪灾自然和社会双重属性出发，采用层次分析法，提出了包含 1 个系统层、4 个子系统层和 10 个要素层的中小河流洪水风险评价指标及其评价方法，将所建立的层次分析模型应用于江西省乌江流域的洪灾风险评价，将乌江流域的洪灾区分为高风险区、较大风险区、一般风险区、低风险区和无风险区；张正涛等[195]选取 12 种评价指标，通过水文站实测数据进行了洪水重现期计算，定量化评价了淮河流域不同重现期洪水灾害风险；项捷等[196]应用 GIS 空间分析技术和 MIKE21 平面二维水动力学模型，将通过水文站实测洪水数据计算得到的洪水频率分析与洪水淹没模拟计算相结合，对厦门市东西溪流域进行了洪灾风险分析；等等。

此外，近几年，洪水灾害风险分析与评价中也出现了一些新的理论和方法，并得到了应用，常见的有灰色系统理论方法、混沌理论方法、模糊数学理论方法、极值分布理论、遗传算法和投影寻踪方法、人工神经网络方法等[197-208]，这些方法的应用使洪水灾害风险分析与评价水平得到了提高。

综上所述，目前许多学者对历史洪水、沉积记录的古洪水，以及对洪水灾害风险评价做了大量的研究。但是，对于历史洪水的研究以及洪水灾害风险评价均仅限于现有的洪水数据系列，时间尺度最长也就一二百年，而沉积记录的古洪水事件时间尺度可达千年，甚至万年。其中，有些沉积记录的古洪水事件研究涉及历史时期，但由于受测年技术手段的限制，即使采用地层年代框架、文化遗物考古以及测年数据综合断代，对历史时期古洪水事件年代的确定也只是一个范围，没有一个确切的年代值。我国拥有丰富的历史文献记载，特别是发生在历史时期的特大灾害事件记载，如洪水、干旱、风暴等，历史文献记载详细，并有确切的年代值。如果将沉积记录的历史时期古洪水事件与文献记载的特大洪水灾害事件结合起来进行综合研究，考证其确切的年代值，则具有重要的科学价值。

1.3　研究内容和研究方法

1. 研究内容

位于丹江口水库以上的汉江上游，流经秦岭、大巴山之间，为洪水灾害易发地区，该地区是南水北调中线工程最重要的水源地，也是当前丹江口水库蓄水淹没区和地质灾害移民搬迁的重点区域。气候变化引发的任何大洪水都将会对该地区的社会经济发展和水利工程建设产生巨大影响。因此，开展汉江上游历史特大洪水考证与风险评价研究具有重要的现实意义。

本书依据我们研究团队近年来在汉江上游开展的古洪水研究，发现在汉江上游T1阶地前沿的黄土-古土壤沉积剖面中，记录有东汉(25～220年)和北宋(960～1127年)时期的古洪水事件。针对沉积剖面记录的东汉和北宋时期的古洪水事件，通过历史文献分析，考证东汉和北宋时期古洪水事件发生的可能年代；采用HEC-RAS 模型，模拟计算东汉和北宋时期古洪水事件；选择汉江上游洪水灾害严重的安康段，结合实测洪水序列、历史洪水资料，以及对汉江上游沉积记录考证获得的东汉和北宋时期古洪水事件，分析评价安康段洪水灾害风险；从气候变化的角度，分析东汉和北宋时期古洪水事件发生的气候背景。研究内容主要集中在以下几个方面：

(1)详细收集和整理汉江上游历史洪水资料，采用文献比较和小波分析等多种方法，研究汉江上游历史特大洪水发生时空分布规律，获得汉江上游历史洪水的高发期和空间分布特征。

(2)结合野外实地考察，统计和整理已有古洪水研究成果，界定历史时期古洪水事件发生的年代范围，然后分析历史文献记载的汉江上游洪水灾害影响范围、强度和程度，并按照洪痕沉积规律，对汉江上游沉积记录的东汉和北宋时期古洪水事件发生的年代进行考证。

(3) 深入调查汉江上游地质资料和洪水沉积断面，确定河流水文参数，采用 HEC-RAS 模型，模拟计算东汉和北宋时期古洪水事件的流量和演进过程，并验证古洪水事件水文模拟参数的可靠性。

(4) 依据汉江上游东汉和北宋时期古洪水事件的考证结果，选择汉江上游洪水灾害最严重的安康段，结合实测洪水、历史洪水数据，进行洪水风险评价，并为汉江上游防洪减灾和水资源综合管理提出科学、合理的建议。

(5) 分析汉江上游东汉和北宋时期古洪水事件的气候背景。

2. 研究方法

1) 文献研究方法

我国历史源远流长，具有丰富的史料记载和物质文化遗产，关于自然灾害的历史文献记载较为全面、详尽。本书将详细收集汉江上游及其邻近区域有关洪水记载的历史文献资料，整理历史洪水发生的时间、灾情、社会影响等。同时，收集和整理近年来我们研究团队在汉江上游进行的古洪水水文学研究工作成果，综合 OSL 测年、地层年代框架对比等多种断代方法，获得汉江上游沉积记录中发生在历史时期的古洪水事件。

2) 比较分析法

依据汉江上游沉积记录中发生在历史时期古洪水事件的年代范围，从文献记载中历史洪水灾害的等级、灾情、社会影响等多个角度比较，对汉江上游沉积记录中的历史古洪水事件可能年代进行综合判断。

3) 实地考察

实地考察汉江上游安康-郧县段的地质地貌特征，调查古洪水 SWD 和现代洪水洪痕沉积的位置、高程，并实测安康-辽瓦店河段的河床高程、河槽宽度等，通过古洪水水文学方法，重建沉积记录中历史时期古洪水事件的流量。

4) 洪水风险评价

基于汉江上游安康水文站的实测水文序列和历史水文资料，结合考证获得的东汉和北宋时期古洪水事件，选取汉江上游洪水灾害严重的安康段进行洪水风险分析评价，为汉江上游水资源综合管理和防洪减灾提供重要的科学依据。

第2章　研究区域概况

汉江为长江一级支流，是长江最大的支流。汉江也是我国历史上一条极具战略价值的天然河道，与长江、黄河、淮河并称为“江淮河汉”。

1. 地理位置

汉江，又称汉水、汉江河，是长江最大的支流，发源于秦岭米仓山西段、隶属于陕西省汉中市宁强县的嶓冢山，自西北向东南顺流而下，经陕、鄂、豫三省，依次流经汉中、安康，在湖北十堰入丹江口水库，继而流经襄阳、荆门等地，于武汉市汇入长江，全长1577km。汉江流域范围广大，北至34°11′N，南至30°8′N，西至106°12′E，东至114°14′E，流域面积约为$1.59\times10^5km^2$。

汉江流域北隔秦岭与黄河流域为邻，东北为伏牛山外淮河流域的南阳盆地，西南隔大巴山与嘉陵江流域相近，东南部则是我国著名的粮棉产区江汉平原[22]。

汉江干流分别以丹江口水库和湖北钟祥为界分为上、中、下游三段[22]。丹江口以上为汉江上游，上游河段长约925km，流域面积约为$9.52\times10^4km^2$，占汉江干流全长的58.66%，其干流呈东西走向，穿行于秦岭和大巴山之间，地势陡峻，河道较窄，水流湍急，水能资源丰富；中游为丹江口至钟祥段，干流全长约270km，流域面积约为$4.68\times10^4km^2$，河段流经江汉平原，地势起伏和缓，河流流速锐减，多河心滩与沙洲分布；钟祥至河口段为汉江下游段，长约382km，平均比降为0.8‰，流域面积为$1.71\times10^4km^2$，此河段水流平稳，河网密布，极富航运价值，但河曲发育，易发洪涝。

本书的研究区域主要集中在汉江上游(图2-1)，即丹江口水库以上河段。在行政区划上主要包括陕西省的汉中市、安康市、商洛市，河南省西峡县和湖北省竹溪县、郧阳区。本区域水源丰富，水质较好，成为我国南水北调中线工程的重要水源地，地理位置十分重要；而且，汉江上游的洪水灾害状况与京津之地的供水情况息息相关，其影响亦可辐射到我国北方其他缺水省份。因此，考证该地区历史时期的古洪水事件及其洪水灾害风险评价，不仅对我国跨流域调水工程的进展具有重要的实践意义，而且可对该地区社会经济的发展和生态环境保护的决策提供行之有效的参考。

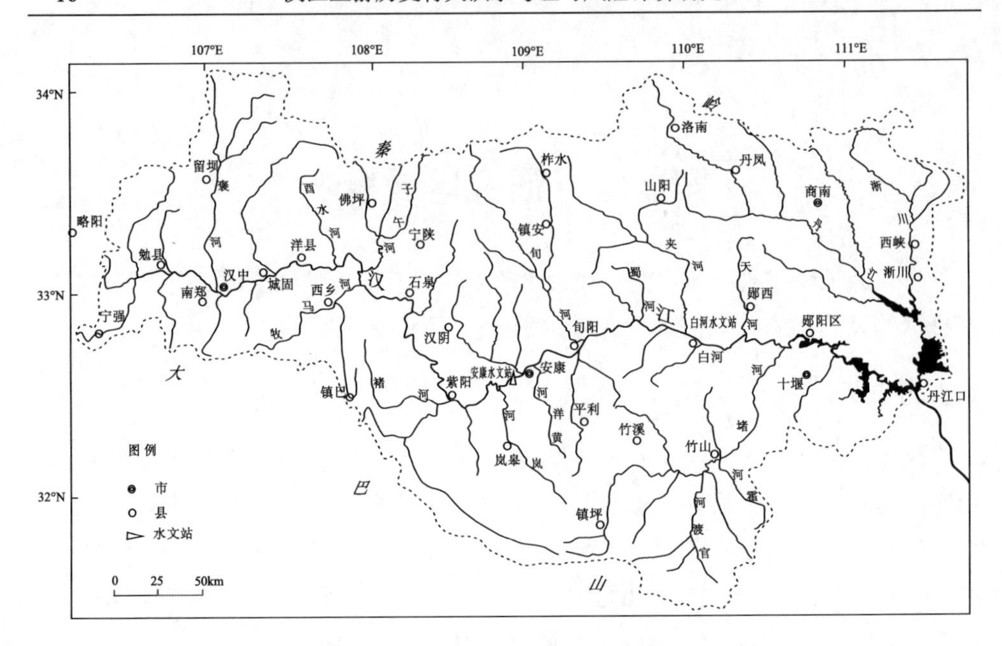

图 2-1 汉江上游水系分布图

2. 气候特征

汉江上游地处亚热带季风气候区的北部边缘地带，属我国暖温带和亚热带的气候过渡带、湿润区与半湿润区的交错带，年降水量可达 800mm 以上，为我国内陆地区北亚热带季风气候的典型代表区域之一。

该区域北依秦岭，南障巴山，地势自西北向东南倾斜，夏季源自太平洋的东南季风沿汉江谷地可顺势长驱直入，加之秦岭的地形抬升作用，给当地带来较为丰沛的地形雨；与此同时，冬季秦岭亦可阻滞来自蒙古、西伯利亚的寒潮南下，阻挡干冷的西北风南侵，使得该地区产生“暖冬效应”，冬季平均气温略高于同纬度其他地区[22]。该区域三面环山，且山地海拔较高，气候垂直分异显著，兼有温带和中温带山地的气候特点。

“两山夹一川”的独特地形，造成了汉江上游流域冬季温暖、夏季雨量丰沛的气候特征。夏季炎热多雨，最热月平均气温高于 22℃，多年平均降水量 700～1100mm，受来自太平洋的东南季风影响，年内降水分配极不均匀，年均降水量呈现出自东南向西北递减的趋势。6 月中旬，来自较高纬度的冷锋系统和源自较低纬度的暖锋系统在长江中下游相遇，形成江淮准静止锋，随着源自太平洋的东南季风深入此地，梅雨在此地滞留长达一个月，湿热的天气给当地带来丰富的降水；尽管 7～8 月雨带北移至华北平原，此地受副热带高气压带控制，长江中下游为干热的“伏旱”天气，然而该地区强烈的蒸发将汉江上游的水汽挟带至半空中，遇到秦岭山地的抬升作用转换为丰沛的降水；9 月，源自印度洋面的西南季风开始南撤，加上西风带的南支急流，两股势力重叠控制本区，从而形成著名的“华西秋雨”。因此，本区域降水量的 60%集中在 6～9 月。该区域位于秦岭以南，冬季受地形影响，最冷月气温高于 0℃，降雪、冰雹极少，除秦巴山区之外，鲜有积雪达半月以上的区域，故而冬、春季节降水稀少，仅占全年降水量的四成左右[209]。

汉江上游的亚热带季风性气候，决定了该区域全年降水较多，且年内分配不均的时间格局，降水多集中在夏、秋季节，兼有降水时间长和降水强度大的特点，容易引发区域性的洪水灾害。

3. 地质地貌

汉江上游蜿蜒穿行于秦巴山区，自西北向东南倾斜的地势，决定了汉江的流向。该流域“南北为山，中部为川”，地形起伏明显，河流比降大，流速湍急，加之谷底岩性致密坚硬，使得河槽的蓄洪能力差。地质时期，该区域内扬子古板块的雏形形成于古元古代，后经中、新元古代发生多次构造变动，在原来的基础上逐渐增生，于新元古代的晋宁运动后，形成了稳定的扬子板块[210]。经过中生代的燕山运动，地壳大幅度隆升，奠定了现今秦巴山区地貌的基本轮廓。剧烈的构造运动伴随着激烈的岩浆活动，造就了秦巴山地区域内多花岗岩等造岩矿物分布。新生代的喜马拉雅隆升运动，在不同的地质时期造成秦巴山地的扭曲、断裂、错动等一系列的构造运动，产生了如汉中盆地、安康盆地等地貌[211]。上升运动使该地区的河流发生下切侵蚀，且该地区多以变质岩类为主，质地比较松软，易被侵蚀，故而河流多沿断裂带延伸，河流蜿蜒前进，多深切曲流发育。而第四纪的地层主要分布在唐白河以及汉江下游地区，在地形上以平坝、浅丘和平原为主[212]。

汉江上游河段低缓盆地和深切峡谷交错分布，河谷盆地多分为四级河流阶地。如今一级阶地高出汉江平水位 20～25m，地下水位偏高，土质偏沙；二级阶地高出汉江平水位 40～45m，地势起伏和缓，土壤肥沃，是汉江平坝的主体，人口聚落多分布于此；三级阶地高出汉江平水位 80～85m，地处平坝与丘陵交界的缓斜地带；四级阶地高出汉江平水位 90～100m，已逐渐演化为丘陵[213]。

海拔较低的低山丘陵区，地势起伏大，河流径流侵蚀强烈，加之地表植被破坏严重、岩石抗蚀能力弱，地表保水性差，水土流失严重。在山地中砂岩、页岩、砾岩、红黏土层等水平层理结构明显，河流堆积阶地以下覆盖有砾石层，这些发现无不佐证了该地区在历史时期发生过洪水。高温多雨的气候条件使得秦巴山区容易发生山地灾害，如滑坡、泥石流等；而米仓山地区因碳酸盐岩分布集中，发育喀斯特地貌。在海拔较高的地区，以风化作用为主，流水侵蚀作用比较弱。尤其在秦岭山区，海拔 2000m 以上的地区，常有直径超过 1m 的棱角砾石出现[214]。

汉江上游具“两山夹一川”独特的地貌地形，该河段多基岩峡谷分布，岩石的透水性差，如遇集中性暴雨，地表径流集中，易引发大规模的洪水灾害。

4. 植被土壤

汉江上游地处秦岭以南，受地形阻挡，冷空气的影响小于北方地区，因此该地区的冬温略高于同纬度其他地区，气候温暖湿润，植被类型丰富。植被类型主要为常绿阔叶林与落叶阔叶混交林，常绿阔叶林建群树种有僵子栎、青冈栎等，以及人工定向培植的茶叶、柑橘等经济林；落叶阔叶混交林建群树种有麻栎、栓皮栎、锯齿栎等，此外还有枫香、桦木和化香树等。在汉江上游水热调配较好的缓坡地带，分布着刚竹、水竹、金竹、楠竹等竹科植被。在海拔较高的秦巴山区还有白皮松、铁杉、侧柏、水杉等常绿针叶林分布[214]。

黄棕壤是本区域内发育的地带性土壤，该土壤富含有机质，在成土过程中表现为弱富铝化；区域内的低山丘陵区分布有黄褐土；秦岭山区内形成的为棕壤和暗棕壤；而河谷内部因人为长期栽培水稻，从而形成水稻土和潮土。除此之外，该区还有少量的石灰土、紫色土、新积土等非地带性土壤零星分布于汉江上游的谷间地带[214-216]。

但是，汉江上游多人为垦殖和开发地区，原有建群树种锐减，同时也改造着该地区的成壤环境，使得该地区的土壤保水性差，一旦发生强降雨，易引发洪水灾害和水土流失等生态问题。

5. 水文特征

汉江发源于秦巴山区，是长江的一级支流，全长 1577km，流域面积可达 1.59×10^5km^2，河流支流众多，且呈羽叶状分布于干流两侧[22]（图 2-1）。汉江流域降水较多，水量丰沛。汉江上游年径流量为 255 亿 m^3，占汉江总径流量的 45%，径流的总特征为上游大、下游小。区域内植被覆盖良好，河流的含沙量较低。

汉江干流北侧主要有褒河、湑水河、子午河、月河、旬河、金钱河、丹江等支流，发源于秦岭山脉，其特点有源远流长、多陡坡峡谷、落差较大，河流的基本流向为南北向或西北-东南向；汉江干流南侧的玉带河、濂水河、南沙河、牧马河、堵河、黄洋河等支流都发源于巴山，具有距河源近、流程短、河流比降大、水流湍急的特点，河流流向多为西南-东北向或东南-西北向（图 2-1）。如表 2-1 统计，江水面积最大的是丹江，集水面积可达 17190km^2。江水面积介于 5000～10000km^2 的支流有两条，为旬河、堵河；汇水面积介于 1000～5000km^2 的支流有沮水、褒河、子午河、坝河、牧马河、岚河、池河等 15 条[217]，这些支流落差大，汇流速度极快。

表 2-1　汉江上游集水面积超过 100km^2 河流统计表[22]

汇水面积/km^2	100～500	500～1000	1000～5000	5000～10000	>10000
河流/条	115	21	15	2	1

汉江虽然水量丰富，但是径流量变化大，使得该流域的河流排泄能力较差。汉江上游以山地、丘陵为主，上游河段河道较宽，为 1～2km，河流排泄能力较强；中下游河段，行洪通道变窄，在洪水高水位期，河宽仅为 0.2～0.3km，河流排泄能力较低，如果发生洪水，会给河流两岸地区造成严重的损失[218]。秦巴山地作为该区域著名的暴雨中心，山高坡陡，水流湍急，暴雨产流汇流较快，所以历史上该地区暴雨洪涝和次生地质灾害多发。该区域 5～10 月的径流量占全年的 3/4 左右，汛期洪水主要由暴雨形成，峰高量大，洪水峰型多呈瘦尖型，并且有明显的前后期。前期洪水主要集中在 8 月前，多是全流域性的大范围洪水；后期洪水多发季节为秋季，多连续洪峰。

汉江上游的羽状水系，一旦遇到集中性降水，支干径流陡然增加，容易引发汛期洪水灾害。

第3章　汉江上游历史时期以来洪水灾害发生规律

我国拥有丰富的历史文献资料，文献蕴含的气候事件信息极其丰富，其独特的科学价值，使当代中国在气候变化研究领域中崭露头角。为了研究汉江上游历史时期以来洪水灾害的发生规律，本书收集和整理了《中国气象灾害大典：综合卷》[219]《中国气象灾害大典：陕西卷》[220]《中国气象灾害大典：湖北卷》[221]《中国气象灾害大典：河南卷》[222]《中国三千年气象记录总集》[223]《后汉书》[224]《西北灾荒史》[120]《陕西历史自然灾害简要纪实》[126]，以及汉江上游宁强、勉县、汉中、南郑、城固、石泉、安康、白河等各地区县志[215,216,225-236]中有关洪水灾害的文献资料，凡是涉及汉江上游所在地区的洪水灾害都统计在内。

在统计汉江上游洪水灾害时，首先以县(州)次/年为统计单位，如《旬阳县志》[225]中记载建安二年(公元197年)“秋九月，汉水溢”，则记为该年旬阳发生洪灾1次；《汉中市志》[223]中记载淳化二年(公元991年)“七月，汉江水涨，死人甚多，九月又大水，损坏庐田”，则记为汉中该年发生洪灾2次。另外，统计洪水灾害资料时基于统一的标准，以朝代起讫时间为间断点，考虑了古今地名之别，也剔除了水灾波及范围的影响，如东汉建安二十四年(公元219年)，宁强、石泉、城固、汉中、南郑、安康等县志中均有“八月，大霖雨，汉水溢”等类似[228,232-236]的记载，则记为该年汉江上游发生1次洪水灾害。

3.1　历史时期以来汉江上游洪水灾害特征分析

1. 洪水灾害时间特征分析

汉江上游历来是洪灾频发之地。根据历史文献统计[215,216,219-236]，在公元前221～2010年的2231年间，汉江上游有明确记载的洪水灾害共计发生了336次，平均6.6年发生一次。为此，以50年为单位，绘制了汉江上游洪灾频次图(图3-1)。

由图3-1分析可得，历史时期汉江上游洪水灾害可以分为三个阶段：第一阶段为公元前221～公元779年，在这1000年间中，汉江上游共发生洪水灾害16次，平均62.5年发生一次，占洪水灾害总数的4.76%，为洪水灾害发生最少的时期；第二阶段为公元780～1499年，持续了720年，汉江上游发生洪水灾害64

次，平均 11.25 年发生一次，占洪水灾害总数的 19.05%，为洪水灾害发生频次相对较高的时期，但年际变化较大；第三阶段为公元 1500～2010 年，在这 511 年中，汉江上游共发生洪水灾害 256 次，平均约 2 年发生一次，占洪水灾害总数的 76.19%，为洪水灾害发生的高频时期。通过对汉江上游洪灾频次变化的分析可知，在 2231 年间，汉江上游洪水灾害呈现明显的上升趋势，且具有明显的阶段性变化的特征，洪水灾害发生频次增加，时间间隔缩短。

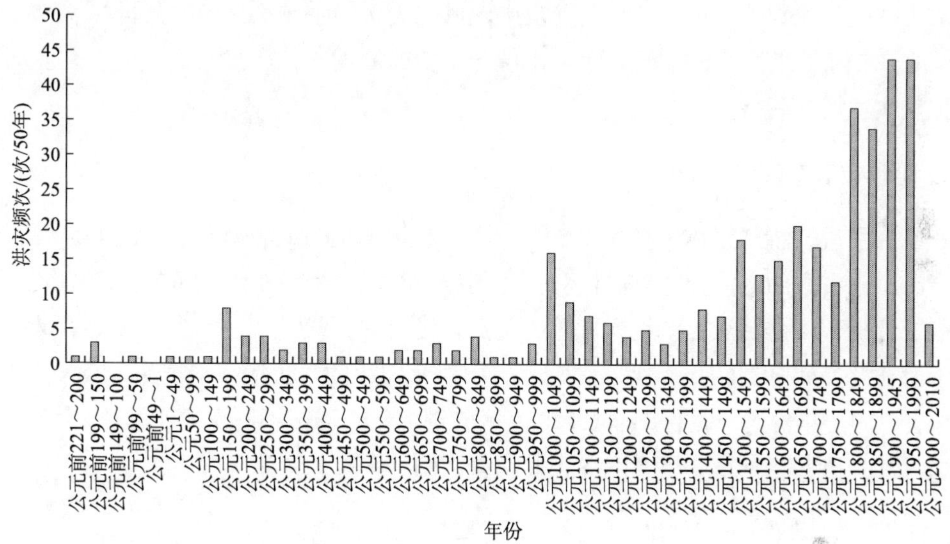

图 3-1　汉江上游洪灾频次图

采用 Matlab 软件对汉江上游公元前 221～公元 2010 年洪水灾害的发生频次进行小波分析，得到汉江上游洪水灾害发生频次的时间序列周期变化图(图 3-2)。

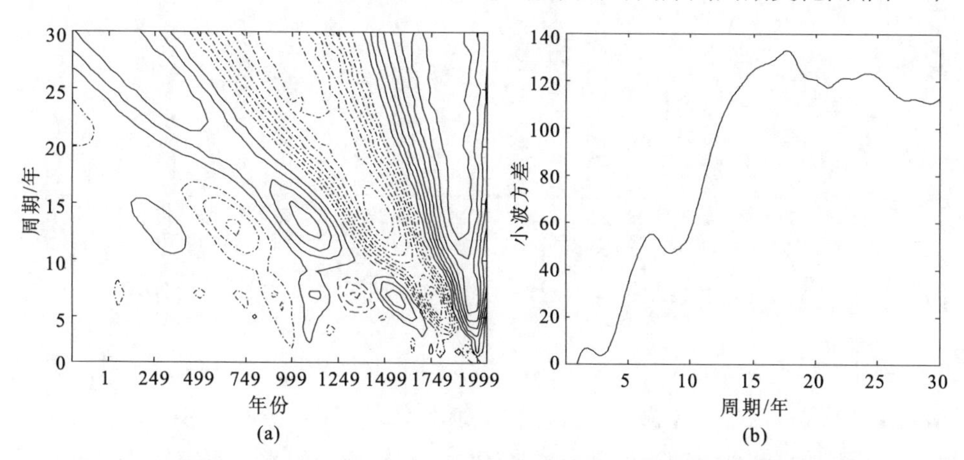

图 3-2　汉江上游洪水灾害小波分析图(a)和小波方差图(b)

从图 3-2 可知，汉江上游洪水灾害存在 2～3 年、6～8 年、16～18 年三个周期，主周期在 17 年左右。在 618 年以前，洪水灾害发生的周期频率信号整体较弱，但在东汉时期(25～220 年)信号相对较强，说明这一时期汉江上游洪水灾害发生次数较多。619～1368 年洪水灾害发生周期频率信号有强有弱，但在北宋时期(960～1127 年)洪水灾害频率信号最强，表明北宋时期洪水灾害发生频率高。1369 年以后，洪水灾害频率信号不断增强，表明随着时间序列的推移，文献记载的洪水灾害发生次数不断增多，这与前文中对洪水灾害发生频次规律的分析相一致。此外，在未来的某个时间段还可能出现一个新的周期，说明汉江上游洪水灾害发生频次呈增加趋势。

2. 洪水灾害空间特征分析

为了进一步从整体上把握汉江上游洪水灾害发生的地域分布情况，了解汉江上游洪水灾害的空间分布差异性和变化趋势，对汉江上游洪水灾害的空间特征进行了分析。依据汉江上游地方志等历史文献资料的记载[215,216,219-236]，统计了汉江上游在此期间各县、市、区洪水灾害频次(洪水灾害的发生频次均按县、市、区来统计，同一年份同一月份不同县、市、区的洪灾记录均按不同次数计算)，并绘制成汉江上游各县、市、区洪水灾害发生频次图(图 3-3)。

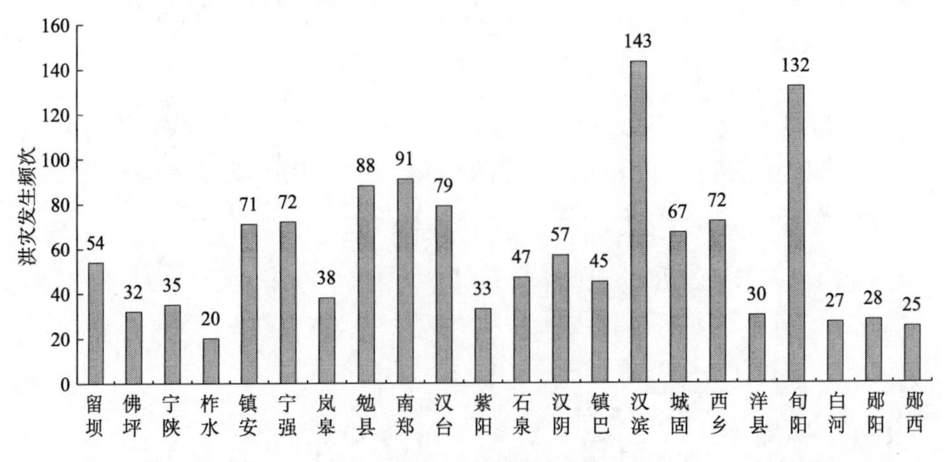

图 3-3　汉江上游各县、市、区洪水灾害发生频次图(公元前 221～公元 2010 年)

由图 3-3 可见，洪水灾害发生频次最多的地区为汉滨，为 143 次，其次为旬阳，为 132 次；南郑、勉县洪水灾害发生频次也比较多，分别为 91 次和 88 次。

为了更加直观地反映出汉江上游在约 2231 年间中洪水灾害空间发生特点，

根据图 3-3 中的数据，运用 ArcGIS 软件绘制了汉江上游洪水灾害频次空间差异图(图 3-4)。由图 3-3、图 3-4 可以看出：

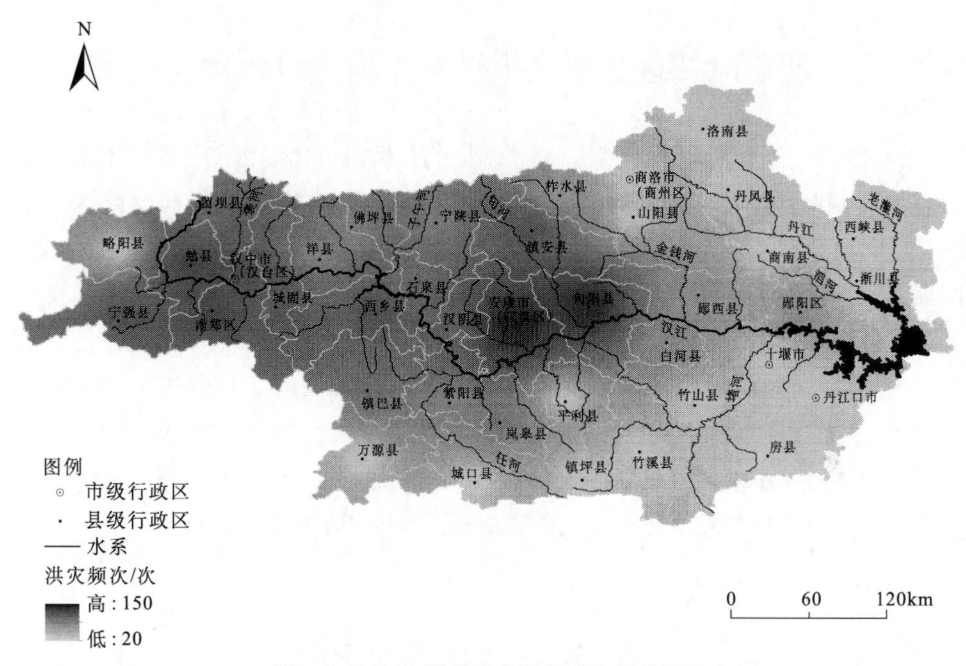

图 3-4　汉江上游洪水灾害频次空间差异图

(1)汉江上游洪水灾害发生频次的空间差异性明显。洪水灾害发生频次较多的地区为汉滨、汉台，以及旬阳、南郑、勉县，洪水灾害发生的频次都在 75 次以上；其次为西乡、镇安、宁强、汉阴、镇巴、石泉、城固、留坝，洪水灾害频次在 45～75 次；岚皋、宁陕、佛坪、紫阳、柞水、洋县、郧阳和郧西等地发生洪水灾害频次较少。

(2)汉江上游洪水灾害发生频次的空间分布差异明显。以汉滨、汉台为中心向四周递减，存在两个高频中心和两个低频中心。两个高频中心分别是汉滨、旬阳，以及勉县、南郑、汉台河段；两个低频中心是西乡至汉阴和白河至郧西河段，洪水灾害发生频次相对较低。其中，汉滨的洪水灾害频次最高。此外，谷地洪水灾害平均发生次数大于山地；秦岭南坡各地区和大巴山地各地区相差不大，秦岭南坡略多于大巴山地。

在汉江谷地中，安康市和汉中市是汉江上游开发历史较早、人口数量最大的两个主要区域，导致以汉滨、旬阳为中心的安康盆地和以汉台、城固为中心的汉中盆地洪水灾害发生频率最高，这一方面与历史资料记载详略有一定关系；另一方面也反映了由于人口增多，灾害程度加强，以及人类居住对环境的影响，洪水灾害增多的事实。

3.2 历史时期以来汉江上游典型河段洪水灾害纪实

通过对汉江上游历史洪水空间分布特征的分析，可知安康市是汉江上游洪水灾害发生频率最高的区域，特别是汉滨区有文献记载的洪水灾害频次就达到了143 次。其原因在于安康城区所在的汉滨区位于汉江两岸的地势平坦低地，历史时期以来饱受洪水灾害影响。据史料记载[215,229]，15 世纪前后至 1983 年间，安康城区决堤淹城的灾害性洪水有 17 次，平均约 34 年发生 1 次，其中毁灭性的特大洪水有 10 次，分别在 1410 年、1472 年、1583 年、1674 年、1693 年、1724 年、1770 年、1852 年、1867 年、1983 年，平均约 60 年发生 1 次。自 1983 年大洪水后，安康水文站洪峰流量超过 20000m³/s 的有 2 次，分别在 2005 年和 2010 年。以下是历史时期以来发生在汉江上游安康城区段的 4 次典型洪灾的纪实。

1. 安康城区 1583 年洪灾

汉江上游安康城区历史调查最大洪水发生在明万历十一年(公元 1583 年)，据《陕西通志·雍正本》记载[237]“十一年夏四月，兴安州①猛雨数日，汉水溢……黄洋河口水壅高城丈②余，全城淹没，公署民舍一空，溺死者五千余人，阖家全溺，无稽者不计数”。据文献记载和分析[27]，此次洪灾发生主要是历时短、强度高的大暴雨造成的，暴雨发生在 6 月，比正常汛期提前一个月，暴雨中心主要集中在汉江上游安康段南岸各支流，导致各支流的水量暴涨且迅速汇入汉江干流，安康城区地势低平，洪水排泄不畅，遭受了严重的洪水灾害。依据洪痕调查[27]，这次洪水最大洪峰流量估计为 36000m³/s，为近 900 年以来的最大洪水。这次洪水冲毁安康老城，是陕西历史上有记载的死亡人数最多、灾情最严重的一次洪灾。

2. 安康城区 1983 年洪灾

1983 年 8 月 1 日，汉江上游出现了一场仅次于 1583 年的特大洪水，安康水文站出现有水文记载以来的最大洪峰流量 31000m³/s(相应水位为 259.25m)，此次

---

① 今安康。

② 1 丈=10/3m。

大洪水使安康老城区遭遇了“灭顶之灾”[238]。1983 年汉江上游汛期降水天数达 199 天，汛期降水总量超历史平均值，充沛的降水使得土壤含水量趋于饱和，各支流汇流速度快，产流系数高，暴雨中心移动路径自上向下、自西向东，与汉江及各支流流向一致，暴雨中心移动速度与河道汇流速度几乎同步，造成汉江干流洪峰在向下游推进过程中，沿程与各支流洪水叠加，洪峰流量不断加大，且安康城区地势低洼，使得汉江上游安康城区段水位陡涨。7 月 31 日 18 时，安康城北堤、东堤多次浸水。20 时，大北门、小北门、喇叭洞等堤段因洪水浸泡堤身裂缝溃堤。8 月 1 日 1 时 30 分，汉江水位达到 259.25m，洪峰流量达 31000m^3/s。这次大洪水共冲决六处城堤，洪水从东、北、西三面迅猛灌入老城区，水位最大变幅在 19.57m，最大涨率为 1.36m/h。老城东堤内水深达 13m，居民密集的东关水深 7～8m，水位超过北城墙和汉江大桥 1～2m，安康城区遭遇了一次毁灭性灾害。此次洪灾是 1949 年以来陕西损失最大的一次洪水事件，造成安康城区约 870 人丧生，18000 户、89600 人受灾；老城及部分郊区被淹面积达 3.2km^2，摧毁房屋 30000 余间；154 个工商企业受灾，约 106 个单位被毁，70 个单位失去工作条件，17000 名学生无法正常上学，经济损失达 4.1 亿元。

3. 安康城区 2005 年洪灾

2005 年安康洪水灾害发生的时间不是在主汛期内，而是在汛末。在 9 月下旬～10 月上旬，汉江上游流域出现了 10 天左右的连阴雨天气，而在 10 月 1～2 日，汉江上游出现了区域性暴雨，连阴雨和暴雨致使汉江安康段干支流河水全面暴涨，洪水局势紧张，城区防汛指挥部先后发布一号命令、二号命令。

此次洪水灾害为 1983 年安康洪水灾害以来最大洪水。10 月 2 日，最大洪峰流量达 21700m^3/s，水位高达 251.9m，超警戒 8.4m。此次洪水导致安康东西二坝约 2 万余亩①菜地绝收，1.68 万人受灾，直接经济损失 1.3 亿元。

4. 安康城区 2010 年洪灾

2010 年 7 月 16～18 日，陕南地区冷空气活动频繁，加上西太平洋副热带高压和台风“康森”共同影响，强劲的暖湿气流和冷空气汇合，使汉江上游出现了一次由西向东连续性暴雨，降水丰富，且持续时间长，三天内全流域平均降雨量 180mm。此次暴雨移动方向与河流汇流方向一致，造成各支流水量在短时间内汇

---

① 1 亩≈666.67m^2。

集迅速，安康水文站记录的最大洪峰流量为25500m^3/s，超过2005年10月2日洪水灾害的量级，水位251.77m，形成洪水灾害。

此次洪水灾害造成安康市10个县区100多个乡镇150多万人口受灾，通信中断471条次，水毁堤防1786处，供电中断583条次，倒塌房屋13.92万间，安康城区1.93万人受灾，直接经济损达1.83亿元[239]，为安康市1983年以来洪灾损失最为严重的一次洪灾。

3.3　历史时期以来洪水导致安康老城迁移和重建的概况

位于汉江南岸的安康老城，西、北、东三面临水，自有聚落开始，屡遭洪水洗劫。在大洪水的压力下，安康老城区不得不多次进行迁移和重建(表3-1)。洪水是导致安康多次从地势较低的老城区迁往地势较高的新城区的直接因素。

表3-1　历史上安康老城迁移及重建记载[214,215,229,237,240,241]

年份	洪水淹城情况	城市影响	资料来源
明成化八年(1472年)	“八月汉水涨溢，淹没州城居民，高数十丈”“八月，汉水涨溢，城郭淹没”“明成化年间（1465～1487年）重修城高增为2丈”①	重修	《陕西通志》《安康地区志》《安康县志》
明万历十一年(1583年)	“全城淹没，公署民舍一空，溺死者五千余人”“洪水漫城，翌年建新城”①“洪水毁老城，改筑新城周三里一百一十六步，金州治所迁新城，易名兴安州”	老城被毁、建新城(兴安州)、迁城(公元1584年)	《陕西通志》《安康地区志》《安康县志》
清顺治四年(1647年)	“汉水涨溢，淹没州境田舍人畜”“兴安州署迁回老城”“续建旧城，城墙缩小至肖家巷口，城高增至2丈2尺*”	重建老城、迁回老城	《安康县志》《安康地区志》《陕西省志·水利志》
清康熙三十二年(1693年)	“汉水暴涨，兴安州城圮”“五月，汉水暴涨，西从天圣寺东南入万春堤，东从惠家壑石佛庵南流，东西交汇于郡城之南，冲破南门，直入城中，大部被淹，北面堤岸崩塌，全城俱倾。居民多由万柳堤避水，城中数十年生聚，尽赴巨波”	老城被毁，重建	《陕西省志·气像志》《陕西通志》《安康县志》
清康熙四十五年(1706年)	“汉水溢，冲毁州城，州署、文庙及仓库再移新城”“州治复迁回新城”	老城被毁、迁至新城	《安康地区志》、《陕西省志·水利志》
清嘉庆二年(1797年)	“巡抚修北城，恢复老城东段，重建已弃西段，恢复了明代城堤规模，并将东关白龙堤、长春堤和惠壑堤连为一体，称东城”重新迁回老城，对城堤进行了大规模的改造加固，城堤增高至二丈六尺，堤顶宽一丈八尺，前后费时14年	迁回老城、重建老城	《陕西省志·水利志》

① 安康市汉滨区人民政府.安康城堤溯源. https://www.hanbin.gov.cn/Content-1410911.html [2021.10.17]。

续表

年份	洪水淹城情况	城市影响	资料来源
嘉庆十三至十六年(1808～1811年)	嘉庆七年(1802 年)洪水导致城墙多处毁坏，嘉庆十三年至十六年(1808～1811 年)重修，同年(1808 年)重修兴安老城，经四年竣工。周长 1293.66 丈，城顶添墁，排垛墙 1765 堵，城高 2.6 丈，垛高 1.85 丈，城台加高 5 尺	老城多处毁坏，重修老城	《安康地区志》
同治六年(1867年)	“九月十五日，大水决堤入府城，冲毁民房官舍。冬季修补六堤，至光绪六年(1880 年)夏竣工，历 14 年”	重修	《安康地区志》
光绪十五年至十七年(1889～1891年)	光绪十五年二月，补修安康旧城，至光绪十七年竣工	重修	《安康地区志》
1983～1987 年	经 1983 年毁城洪水后，1983 年 10 月国务院批准了《安康县城重建规划方案》，总原则为合理利用老城，适当发展新城，逐步建设江北新区。用了 5 年时间，重修城堤、护岸，发展新城，建江北新区。到 1987 年底，基本按规划完成了重建任务	重建	《安康地区志》

*1 尺＝1/3m。

安康老城初建于北周天和四年(569 年)，为吉安县治所在，之后自北周末年至民国，分别曾改建置为魏兴郡、西城县、西城郡、金州、安康郡、兴元路、安康县等，多为郡治或州治所在。

安康老城在宋元以前皆为土城，明洪武四年(1371 年)建今老城，“始甃以砖”，高 5.7m。从表 3-1 可知，自明代以后的近 600 年中，安康在新旧两城之间迁徙频繁，曾经历了洪水毁城—迁新城—迁回老城—洪水再毁老城—再迁新城—再迁回老城的循环过程，同时伴随着对城市的多次重修、重建。

例如，《安康县志》[229]记载，在明成化八年(1472 年)，“汉水涨溢，淹没州城居民，高数十丈”，安康老城区遭遇毁灭性的洪水灾难，不得不进行重建；明万历十一年(1583 年)，当时的安康城已具有二三万人口，但由于当年的大洪水高城丈余，“公署民舍一空，溺死者五千余人”，百姓为远离洪水灾害以图长远之计，商议放弃老城。1584 年，在地势较高的安康城南赵台山脚另建新城，迁往新城后，虽然可以免遭洪水威胁，但由于远离汉江，贸易转运不便，农业耕作用地不够，加上百姓“怀土不迁者十有八九”，大部分仍然聚居在老城不愿迁移，崇祯年间对老城进行了较大规模的修复。

清顺治四年(1647 年)，老城又遭遇水灾，“汉水涨溢，淹没州境田舍人畜”，洪水后“兴安州署迁回老城”，并对老城进行大规模的修复重建，增加城墙高度至

2丈2尺。

清康熙三十二年(1693年)，发生了一场近似于1583年的特大洪水，洪水冲破南门，直入城中，全城俱倾，安康老城不得不又一次进行重建；此后不久，清康熙四十五年(1706年)，洪水又一次入城，安康老城在十几年之内又一次被摧毁，被迫再次迁入新城，后于1797年，重新迁回老城，并对老城城堤又一次进行加固重修。

清嘉庆七年(1802年)，洪水导致安康老城城墙多处损坏，在随后的嘉庆十三年至十六年(1808～1811年)和同治八年至光绪十七年(1869～1891年)又对城堤进行了多次重修。

1983年7月31日，安康发生特大洪水灾害，安康站实测最大洪峰流量达到31000m^3/s，最高水位257.25m，老城区城堤6处决口，洪水冲毁老城房屋3万余间，死亡约870人，经济损失约4.1亿元。1983年10月国务院批准了《安康县城重建规划方案》，用了4年多时间，到1987年年底，才基本上完成了安康城区重建任务。

第4章　汉江上游沉积记录的历史古洪水事件

古洪水是指发生在历史时期及其以前未被人们观察或者记录的，而被沉积物记录的特大洪水事件[28,29]，它是水文过程对极端性气候事件的瞬时响应。古洪水滞流沉积物（SWD）是记录古洪水事件的重要载体。

古洪水 SWD 是由河流暴雨洪水挟带的悬移质泥沙在高水位滞流环境下沉积形成的[28,29]。河流的基岩峡谷或抗蚀河槽段往往断面深狭，当洪峰过境达到最高水位时，大洪水溢出主河槽之外，漫上沿河谷阶地面或平缓的岸坡、古漫滩，或者倒灌大河两岸的支沟，在水流迟滞、流速无限接近或等于零的情况下，洪水挟带的悬移质泥沙开始缓慢沉积，形成古洪水 SWD。古洪水 SWD 是记录古洪水洪峰水位、年代等水文信息的良好地质信息载体，因此寻找和鉴别古洪水 SWD 是古洪水水文学研究最基本的任务。

古洪水 SWD 不易保存，沉积后随即被高处崩塌的基岩风化物、坡积石渣土、风成黄土所掩埋，或者在洞穴、岩棚(岩石下凹处)保护下不易被风雨侵蚀和生物扰动破坏，才能被长久地保存下来。因此，了解古洪水滞流沉积物赋存的地貌位置，对于古洪水水文学研究极为重要。

美国水文学家 Baker[28]总结出古洪水滞流沉积物多分布在以下地点：①长期受到风化剥蚀作用形成的，或者是由较厚的残积和坡积物所掩覆的平缓岸坡；②河流两岸小支流和沟谷沟口的锥状堆积体；③坡岸前的重力堆积体；④残余的高漫滩后缘或者低阶地前缘。

2011 年，黄春长等[60]根据世界各地的河流古洪水沉积的研究结果，总结出了古洪水滞流沉积物的野外基本特征：①古洪水滞流沉积物通常为粉砂、黏土质粉砂、粉砂质亚黏土和细砂等；②在垂直方向上，沉积物的颜色、结构和构造发生了突变；③在垂直方向上，沉积物的粒度成分发生了突变；④沉积过程当中的分选作用，使得单个沉积层的顶部形成薄的黏土质盖层，或者因洪水挟带的炭屑、树枝、树叶、种子等沉积而形成有机质层，故一个古洪水事件沉积的滞流沉积物有时可表现为两个亚层；⑤两个古洪水事件形成的滞流沉积物层之间具有显著的沉积间断；⑥黏土和亚黏土质沉积层会形成龟裂，在断面上表现为香肠状构造；⑦古洪水滞流沉积物的孔隙中会有锈斑；⑧两个古洪水事件形成的滞流沉积物层之间会出现生物扰动构造；⑨两个古洪水事件形成的滞流沉积层之间会出现古土壤夹层；⑩两个古洪水事件形成的滞流沉积层之间会出现风成黄土、坡积物和支流混杂沉积物夹层。

由于世界各地河流的自然条件和古洪水沉积环境千差万别，在一个具体的古洪水滞流沉积物剖面中，不可能出现上述全部特征，所以在野外古洪水考察中，只要观察到其中某些主要特征，即可判定为古洪水 SWD。

黄土-古土壤沉积序列被认为是保存过去环境信息的良好载体。位于秦岭南侧的汉江上游，第四纪时期沉积的黄土状覆盖层，是来自内陆荒漠的沙尘暴在汉江上游谷地连续堆积的结果，其粒度分布、矿物组合、常量和微量元素分布、微形态等方面与黄土高原的典型风成堆积物一致，说明这些黄土状覆盖层具有风成成因的基本特征，是来自内陆荒漠的沙尘暴在汉江上游谷地连续堆积的结果[242]。因此，汉江上游的黄土-古土壤沉积序列也良好地记录了汉江上游过去环境变化的信息。

近年来，我们的研究团队在汉江上游进行了一系列的野外实地考察，在汉江上游 T1 阶地前沿发现了多处含有古洪水 SWD 的黄土-古土壤沉积剖面，对古洪水 SWD 沉积剖面进行了野外采样、室内理化性质测试分析、OSL 测年，以及古洪水水位和流量重建等研究工作[73-110]，有效地延长了汉江上游的洪水序列信息，也为该研究提供了重要研究材料。其中，在对汉江上游古洪水水文学研究成果进行统计和整理时，发现一些黄土-古土壤沉积剖面中古洪水 SWD 记录有东汉(25～220 年)和北宋(960～1127 年)时期的特大洪水事件。

4.1 汉江上游东汉时期古洪水事件的沉积记录

整理汉江上游古洪水水文学研究成果发现，汉江上游 T1 阶地前沿的 LJT 剖面、 XTC-B 剖面、LJZ 剖面、TJZ 剖面、QF-B 剖面和 LWD-A 剖面上部的古洪水 SWD，通过地层年代框架对比、文化遗物考古、OSL 测年等方法，在时间上确定记录了 1900～1700a B.P.（在环境变迁研究中，由于测年误差，测年结果与实际年代有出入，通常以 1950 年为起算点）的东汉时期（公元 25～220 年）古洪水事件（图 4-1、图 4-2）。下面分别对这 6 个沉积剖面的所处位置、剖面的地层特征进行描述。

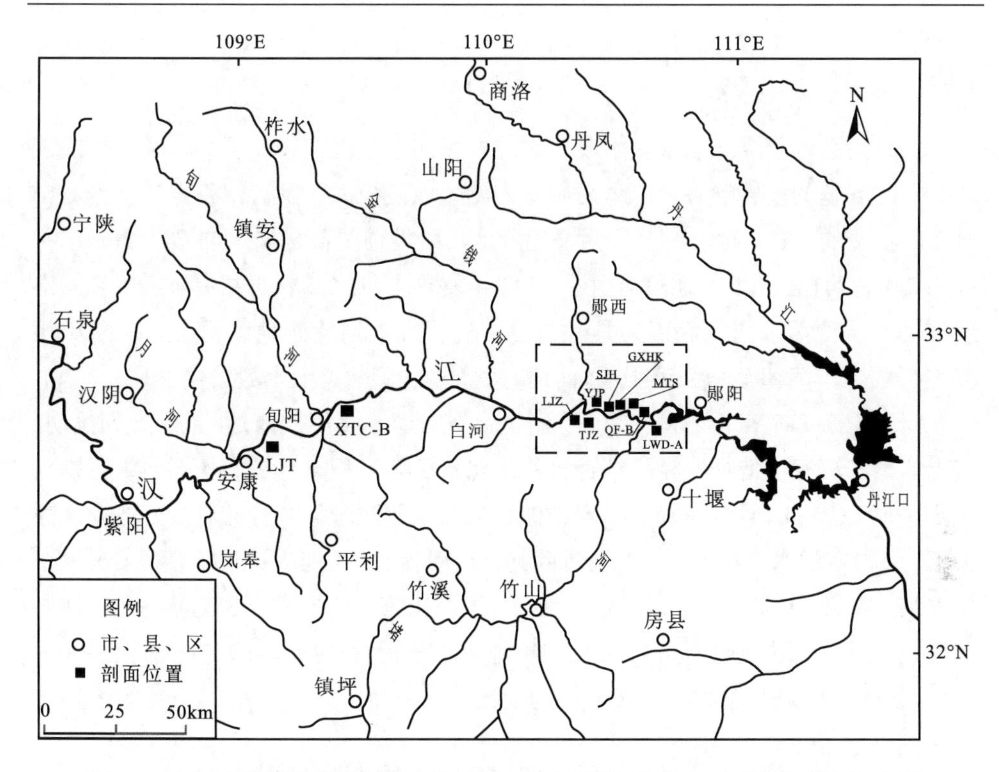

图 4-1　汉江上游记录有东汉和北宋时期古洪水 SWD 的黄土-土壤地层剖面分布图

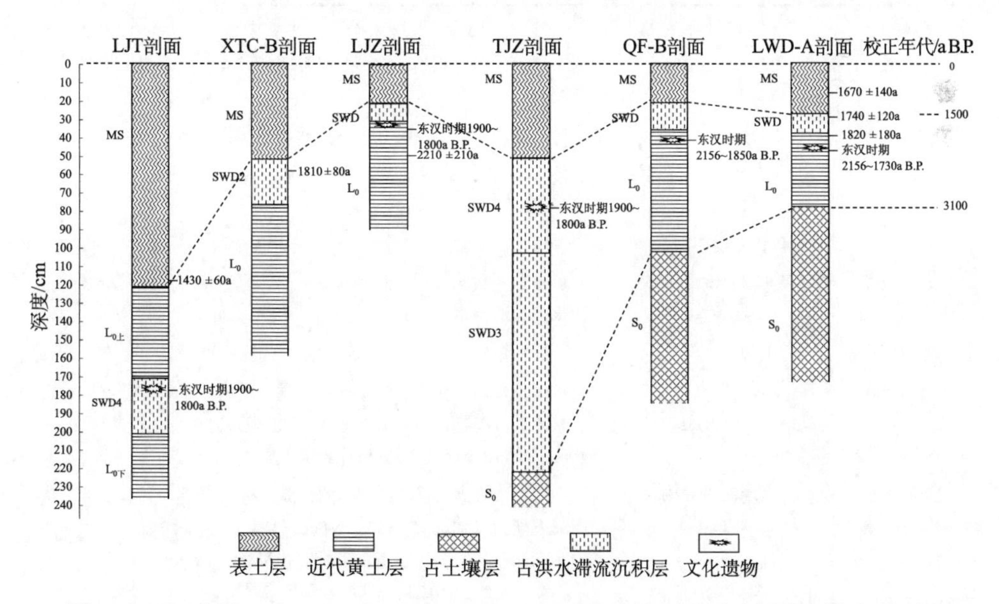

图 4-2　汉江上游 LJT、XTC-B、LJZ、TJZ、QF-B 和 LWD-A 沉积剖面地层和年代对比

MS-表土层；$L_{0上}$-现代黄土层上部；$L_{0下}$-现代黄土层下部；L_0-现代黄土层；SWD、SWD3、SWD4-古洪水滞流沉积层；S_0-古土壤层

1. LJT 剖面

LJT 剖面位于汉江上游旬阳段右岸的罗家滩村。汉江在此深切入基岩形成了 300～400m 宽的基岩峡谷，河道两岸均为陡崖或陡坡。在基岩峡谷内，河流右岸分布着狭窄的 T1 阶地，其性质为基座阶地，阶地前沿高出平水位 24～26m，海拔为 239～241m。T1 阶地前沿由于 1983 年夏季大洪水冲刷而发生崩塌，暴露出新鲜的地层剖面。剖面底部为具有二元结构特征的河流阶地沉积层，在河流相沉积层之上，沉积有马兰黄土层(L_1)和完整的全新世黄土土壤层覆盖层。

汉江上游 LJT 剖面出露完整，全新世风成黄土土壤层次清楚，未经人为扰动，其土壤学和沉积学特征明显。结合野外宏观特征和沉积学分析，从剖面中鉴别出 4 层古洪水 SWD，层次清楚，呈现出波状或者水平层理，并且向着坡上方向逐渐尖灭。每层古洪水 SWD 之间为全新世黄土层或古土壤层自然分隔，清晰记录了 4 期古洪水事件(表 4-1)。其中，LJT 剖面 170～200cm 的古洪水 SWD4，通过地层年代框架对比、文化遗物考古、OSL 测年等方法分析，在时间上确定记录了 1900～1700a B.P.的东汉时期(25～220 年)古洪水事件。

表 4-1　汉江上游 LJT 剖面地层划分及沉积学特征描述

深度/cm	地层名称	沉积学特征描述
0～120	表土层(MS)	粉砂质地，团粒构造，多蚯蚓孔和粪团，与关中褐色土类似，成壤强烈
120～170	现代黄土层上部($L_{0上}$)	粉砂质地，团块-块状构造，有一定程度成壤
170～200	古洪水滞流沉积层(SWD4)	粉砂质地，较为致密，均质块状构造，具有平层理， 典型的古洪水滞流沉积物
200～260	现代黄土层下部($L_{0下}$)	粉砂质地，团块-块状构造，有一定程度成壤
260～280	古洪水滞流沉积层(SWD3)	粉砂质地，较为致密，均质块状构造，具有水平层理，典型的古洪水滞流沉积物
280～320	古土壤层上部($S_{0上}$)	黏土质粉砂质地，团块状构造，多蚯蚓孔和粪团
320～380	古洪水滞流沉积层(SWD2)	粉砂质地，较为致密，均质块状构造，具有水平层理，典型的古洪水滞流沉积物。其底部 370～380cm 发现龙山文化晚期(4500～4000a B.P.)的薄红色绳纹陶片和烧土块
380～760	古土壤层下部($S_{0下}$)	黏土质粉砂质地，强烈成壤，为黄褐土-褐色土类，其颜色和结构明晰表现为三个层次：380～500cm，团块-棱块状构造，黏土质粉砂，表面有一些钙质粉霜，多蚯蚓孔和粪团；500～600cm，小棱块构造，表面充满白色钙质粉霜，外观呈现为一白色条带；600～760cm，棱块构造，表面有丰富的白色钙质粉霜，故外观呈现灰白色斑，底部有一些小钙结核

续表

深度/cm	地层名称	沉积学特征描述
760～780	古洪水滞流沉积层(SWD1)	粉砂质地，较为致密，均质块状构造，具有水平层理，典型的古洪水滞流沉积物
780～850	过渡性黄土层(Lt)	粉砂质地，黄土质过渡层，含有一些竖立状小钙结核
>850	马兰黄土层(L_1)	粉砂质地，块状构造，马兰黄土，含有竖立的钙结核，含有一些坡积岩屑。其中 850～930cm 表现为浊棕色，有一定程度的成壤

2. XTC-B 剖面

XTC-B 剖面位于汉江上游旬阳段右岸的新滩村西南。该河段均为基岩河床，河底与河漫滩有卵石，两岸基岩崖壁陡峭，长有树木和灌木丛，河槽形状较规整，水流湍急，水声较大。另外，此处河段处于基岩峡谷地带，无宽阔河漫滩，当特大洪水发生时，洪水直接淹没全部河槽与两岸基岩。XTC-B 剖面处于汉江干流的右岸，研究剖面地点周围河流右岸为陡坡，T1 阶地相对较陡，左岸的 T1 阶地相比右岸较为平缓。

XTC-B 剖面的土壤地层学结构，与黄土高原面全新世黄土-土壤序列完全相同。在剖面 70～150cm 和 300～350cm 深度处，发现两层全新世古洪水滞流沉积层，均为黏土质地，坚硬致密，具有水平或者波状层理。在野外详细观察其宏观特征，对地层进行了划分和土壤学与沉积学描述(表 4-2)。其中，XTC-B 剖面上部 70～150cm 的古洪水 SWD2，通过地层年代框架对比、文化遗物考古、OSL 测年等方法分析，在时间上确定记录了 1900～1700a B.P.的东汉时期(25～220 年)古洪水事件。

表 4-2　汉江上游 XTC-B 剖面地层划分及沉积学特征描述

深度/cm	地层名称	沉积学特征描述
0～70	表土层(MS)	典型表土层，成壤较好，团粒结构明显，多根系，属于黄褐土
70～150	古洪水滞流沉积层(SWD2)	浊黄橙色，细砂质粉砂，波状层理，典型的古洪水滞流沉积物
150～300	古土壤层(S_0)	浊棕色，粉砂质地，团块-团粒结构发育，以风成沉积物为母质，属于黄褐土类型
300～350	古洪水滞流沉积层(SWD1)	亮黄橙色细砂质粉砂，具有波状层理，为典型的古洪水滞流沉积物
>350	马兰黄土层(L_1)	浊黄橙色，粉砂质地，均质块状结构，疏松多细小孔隙

3. LJZ 剖面

LJZ 剖面位于汉江上游郧县五峰段右岸的李家咀村，在白河水文站下游约 30km 处。该剖面位于汉江干流 T1 阶地的前沿位置，汉江在此处穿过焦赞山和孟良山峡谷，平水位主流贴北岸宽 230m，深 6～10m，右岸比河漫滩高 7m，宽 100～150m。

在对 LJZ 剖面的野外宏观特征进行观察分析的基础上，对 LJZ 剖面进行了详细的地层划分（表 4-3），发现在表土层（MS）与现代黄土层（L_0）之间夹有一层古洪水滞流沉积物（SWD），并在该剖面的黄土层中发现有人类活动的遗迹。对 LJZ 剖面中的文化遗物做了光释光（OSL）测年研究，断定文化遗物的年代为 2420～2000a B.P.。由于 LJZ 剖面中 SWD 位于该文化层的上部和表土层的下部，通过地层对比的方法判断，LJZ 剖面中 20～30cm 的古洪水 SWD 的年代为 2000～1500a B.P.，属于东汉时期，记录了东汉时期（25～220 年）的特大历史洪水事件。

表 4-3 汉江上游 LJZ 剖面地层划分及沉积学特征描述

深度/cm	地层名称	沉积学特征描述
0～20	表土层（MS）	粉砂质地，团粒结构，疏松多孔，含大量蚯蚓孔隙和植物根系的现代耕作土壤
20～30	古洪水滞流沉积层（SWD）	灰白色，砂质粉砂，均质疏松，具有波状或倾斜层理的古洪水沉积物
>30	现代黄土层（L_0）	灰白色，砂质粉砂，均质疏松，具有波状或倾斜层理的古洪水沉积物。上部为浊橙色，粉砂质地，含有大量汉代瓦片，OSL 测年为 2210±210a；下部为浊黄橙色，粉砂质地，均质块状结构，疏松且无层理

4. TJZ 剖面

TJZ 剖面位于白河水文站下游约 31km 处的郧阳庹家洲河段庹家洲台地上，该台地处于汉江右岸。对 TJZ 剖面进行野外宏观特征的观察，发现剖面的土壤学与沉积学特征明显，含有末次冰期后期以来 4 期古洪水 SWD，沉积层十分清晰，具水平层理。并且剖面最顶部的古洪水 SWD 发现人类活动遗迹。

在野外详细观察其宏观特征，对地层进行了划分和土壤学与沉积学描述（表 4-4）。其中，TJZ 剖面上部 50～100cm 为古洪水 SWD4，SWD4 样品 OSL 测年和地层年代框架对比，年代为 1900～1700a B.P.，属于东汉时期，因而断定该古洪水 SWD 记录了东汉时期(25～220 年)特大历史洪水事件。

表 4-4 汉江上游 TJZ 剖面地层划分及沉积学特征描述

深度/cm	地层划分	沉积学特征描述
0～50	表土层(MS)	浊棕色，细砂质粉砂质地，团粒结构，多蚯蚓孔和粪团，成壤良好的现代耕作土壤
50～100	古洪水滞流沉积层(SWD4)	黄橙色，粉砂质细砂，为一组三层古洪水滞流沉积层，中部发现汉代灰色瓦碎屑，烧土块和木炭屑，显示受到汉代人类活动的扰动
100～220	古洪水滞流沉积层(SWD3)	浊黄橙色，粉砂质细砂，为一组三层古洪水滞流沉积层，下部发现周代灰色绳纹薄陶片、烧土块和木炭屑，OSL 测年为 2900±130～3090±135a，显示出周代人类活动扰动现象
220～250	古土壤($S_{0上}$)	亮红棕色，黏土质粉砂质地，具有棱块状构造的古土壤
250～260	古洪水滞流沉积层(SWD2)	浊黄橙色，粉砂质细砂，均质疏松，为古洪水沉积物
260～360	古土壤($S_{0下}$)	亮红棕色，黏土质粉砂质地，棱块状构造，强烈成壤的淋溶性古土壤，裂隙面棕色黏土胶膜显著，为黄褐土类型，中上部发现石家河文化时期的陶片、烧土块、骨屑和木炭屑等，OSL 测年为 4600±180a
360～420	过渡性黄土层(L_t)	浊黄橙色，细砂质粉砂，均质块状构造，上部受到成壤作用影响
420～480	古洪水滞流沉积层(SWD1)	浊黄橙色，粉砂质细砂，均质疏松，一组两层古洪水滞流沉积层
>480	马兰黄土层(L_1)	浊黄橙色，粉砂质地，均质块状构造，疏松多孔的典型风成黄土。其顶部 40cm 显示出浊棕色，黏土质粉砂质地，团块-块状构造，相当于 BL+AL（Bolling-Allerod）时期的成壤改造影响

5. QF-B 剖面

QF-B 剖面位于汉江上游郧西-郧阳段的前坊村、汉江左岸的 T1 阶地前沿。剖面所在河道较规整平直，属于基岩河槽，河槽两岸没有特别明显的边滩。通过野外宏观特征的观察，发现剖面的土壤学与沉积学特征明显。在表土层(MS)和现代黄土层(L_0)中间夹有一层古洪水 SWD，颜色为灰黄棕色，粉砂质细砂，疏松的单粒结构，均匀纯净，上、下地层界线较为清晰，呈突变接触关系，野外观察到的古洪水 SWD 向坡上方向尖灭，并在古洪水 SWD 下发现东汉时期文化层。

结合土壤学、地层学和沉积学，对 QF-B 剖面进行了地层划分(表 4-5)。光释光(OSL)测年分析发现，东汉时期文化遗物的年代为 2156～1850a B.P.。古洪水

SWD位于东汉时期文化层之上、表土层之下，结合古洪水SWD上下分析、地层年代框架和OSL测年结果，表明古洪水SWD属于东汉时期的洪水滞流沉积物，记录了东汉时期(25～220年)特大历史洪水事件。

表4-5　汉江上游QF-B剖面地层划分和沉积学特征描述

深度/cm	地层划分	沉积学特征描述
0～25	表土层(MS)	黏土粉砂质地。典型耕作土，团粒结构，疏松多孔，多植物根系
25～35	古洪水滞流沉积层(SWD)	粉砂质细砂，疏松的单粒结构，均匀纯净，上下界线清楚，呈突变接触关系，向坡上方向尖灭
35～110	现代黄土层(L_0)	粉砂质地，块状-团块状构造
110～260	古土壤(S_0)	黏土粉砂质地，棱柱结构，致密坚硬，结构面发育大量棕色或红棕色黏土胶膜
260～320	过渡性黄土层(L_t)	粉砂质地，弱棱状结构，部分结构面有少量棕色黏土胶膜
320～480	马兰黄土层(L_1)	厚度1.5～2.0m，粉砂质地，均质块状结构，其下为阶地河流相砂和砂砾石层

6. LWD-A剖面

LWD-A剖面位于汉江上游辽瓦店河段，处于汉江右岸的T1阶地前沿，距离白河水文站约80km。剖面所在河道较规整平直，属于基岩河槽，河槽两岸没有特别明显的边滩。通过野外宏观特征的观察，发现LWD-A剖面沉积地层保存较为完整，无明显人为扰动迹象，土壤学与沉积学特征明显。LWD-A剖面的表土层(MS)和现代黄土层(L_0)之间夹有古洪水SWD，颜色为棕灰色，为十分均匀的细粉砂，古洪水SWD上、下界限极为清晰；SWD下发现东汉时期文化遗物(2156～1730a B.P.)。

结合土壤学、地层学和沉积学，对LWD-A剖面进行了地层划分与采样(表4-6)。通过地层年代框架对比和东汉时期文化遗物年代判定，确定LWD-A剖面25～35cm的古洪水SWD年代为1810～1530a B.P.，属于东汉时期，说明LWD-A剖面的古洪水SWD记录了东汉时期(25～220年)特大历史洪水事件。

表 4-6　汉江上游 LWD-A 剖面地层划分和沉积学特征描述

深度/cm	地层划分	沉积学特征描述
0～20	表土层(MS)	典型耕作土，团粒结构，疏松多孔，多植物根系
20～40	古洪水滞流沉积层(SWD)	砂质粉砂层，质地均一，松散，典型的古洪水滞流沉积层古洪水滞流沉积层，上下界线极其清楚
40～70	现代黄土层(L_0)	粉砂质地，块状结构，成壤微弱，含有东汉时代灰色瓦片、烧土块等
70～220	古土壤(S_0)	黏土质粉砂质地，棱块状结构，坚硬，裂隙面有大量暗棕色黏土胶膜沉淀，属于黄褐土类型，还有较多灰色、红色、黑色薄陶片和木炭屑、烧土块等商周时代文化遗物
220～330	过渡性黄土层(L_t)	粉砂质地，块状结构，有一定程度成壤，含有蚯蚓粪团粒，裂隙面有暗棕色黏土胶膜沉淀
330～430	马兰黄土层(L_1)	粉砂质地，块状结构，下部受地下水影响呈现灰白、灰绿色斑等
>430	河流相冲积层(T1—al)	黏土质粉砂互层，水平层理发育

4.2　汉江上游北宋时期古洪水事件的沉积记录

整理汉江上游古洪水水文学研究成果，通过对 LSC-B 剖面、YJP 剖面、SJH 剖面、GXHK 剖面和 MTS 剖面中的古洪水 SWD，进行地层年代框架对比、文化遗物考古、OSL 测年等方法分析，在时间上确定记录了 1000～900a B.P.的北宋时期(960～1127 年)古洪水事件(图 4-1、图 4-3)。下面分别对这 5 个沉积剖面的所处位置、剖面的地层特征进行描述。

1. LSC-B 剖面

LSC-B 剖面位于汉江上游安康盆地东端辛庙镇的立石村(图 4-1)，处于汉江右岸的 T1 基座阶地前沿。阶地的前沿海拔介于 249～251m，高出汉江平水位 20～25m。通过野外观察 LSC-B 剖面宏观的特征，发现剖面的土壤学与沉积学特征明显，全新世中上部风成黄土-土壤层次完整清晰(表 4-7)。

在 75～130cm 处发现 4 层灰白色砂质粉砂层呈水平层理分布，尖灭点痕迹清晰可见，判定为古洪水 SWD。对 LSC-B 剖面古洪水 SWD 进行地层年代框架对比、OSL 测年断代分析，得出 SWD 测年结果为 1370～700a B.P.，说明 SWD 为北宋时期(960～1127 年)特大型历史洪水的滞流沉积物，记录了北宋时期特大历史洪水事件。

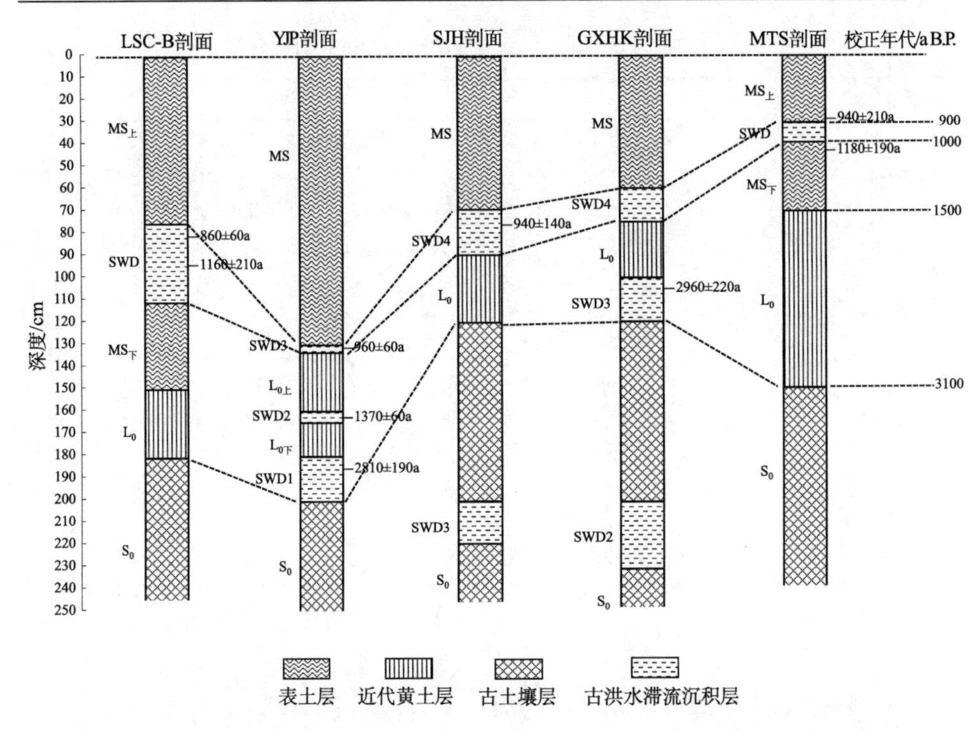

图 4-3　汉江上游 LSC-B、YJP、SJH、GXHK 和 MTS 沉积剖面地层和年代对比

MS-表土层；$MS_{上}$-表土层上部；$MS_{下}$-表土层下部；L_0-现代黄土层；$L_{0上}$-现代黄土层上部；$L_{0下}$-现代黄土层下部；S_0-古土壤层；SWD1、SWD2、SWD3、SWD4、SWD-古洪水滞流沉积层

表 4-7　汉江上游 LSC-B 剖面地层划分和沉积学特征描述

深度/cm	地层划分	沉积学特征描述
0～150	表土层(MS)	黏土质粉砂，具有典型团粒结构，多含蚯蚓粪团和植物根系，为发育较好的现代表土层。其中在 75～130cm 发现有一组 4 层灰白色砂质粉砂层为典型的古洪水滞流沉积物
>150	现代黄土层(L_0)和古土壤层(S_0)	具有典型的全新世晚期 L_0 和 S_0 沉积学特征，其中 150～180cm 为 L_0

2. YJP 剖面

YJP 剖面位于白河水文站下游约 35km 处的晏家棚村，剖面出露于汉江左岸 T1 阶地的前沿位置，阶地面宽约 300m，其前沿高程约为 179m，高出汉江平水位 19m，阶地坡度较为平缓，对面汉江右岸发育两级阶地，地形陡峭，坡度大于 70°。YJP 剖面附近河段为变质岩性基岩峡谷。通过野外实地观察，发现剖面的土壤学与沉积学特征明显，全新世中上部风成黄土-土壤层次完整清晰(表 4-8)。该剖面

中含有 3 层古洪水 SWD，均垂直于汉江流向并且向岸边尖灭。

表 4-8　汉江上游 YJP 剖面地层划分和沉积学特征描述

深度/cm	地层划分	沉积学特征描述
0～130	表土层(MS)	典型耕作土，上有麦田，粉砂质地，颗粒较细，疏松多孔，植物根系较多，土壤中有瓦砾
130～132	古洪水 SWD3	粉砂质细砂，均匀质地，疏松多孔系，沿坡向上尖灭
132～160	现代黄土层上部($L_{0上}$)	粉砂质地，团块-团粒状结构
160～165	古洪水 SWD2	厚约 5cm，粗粉砂质细砂，质地疏松，其尖灭点平行于 SWD1
165～180	现代黄土($L_{0下}$)	厚约 15cm，黏土质地，紧实坚硬，棱柱状结构
180～200	古洪水 SWD1	疏松，有大量虫洞和鸟窝，与上下界线分明，明显向坡上方向尖
200～320	古土壤层(S_0)	厚 100～120cm，黏土质地，致密紧实，棱柱状结构，有明显的成壤特征
320～1100	马兰黄土(L_1)	质地疏松，无明显层理
>1100	砾石层	河漫滩相二元结构

采用地层年代框架对比、OSL 年代测定，确定 130～132cm 的古洪水 SWD3 测年结果为 1000～900a B.P.，记录了北宋时期(960～1127 年)特大历史洪水事件。

3. SJH 剖面

SJH 剖面位于 YJP 剖面的下游不远处，位于汉江 T1 阶地的前沿位置。该河段为典型的基岩峡谷河段，水流平稳，无明显的冲淤现象。SJH 剖面顶面高程为 174m，土层深厚，地层较为完整，野外观察可直接辨识出剖面含有 4 层古洪水 SWD，具有波状水平层理，颜色为灰白色，细砂质粉砂，质地均一等明显的特征，与上下地层的沉积学特征区别明显。

通过野外宏观特征的观察，发现 SJH 剖面无明显人为扰动迹象，全新世中风成黄土-古土壤的土壤学与沉积学特征明显，并结合土壤学、地层学和沉积学，对 SJH 剖面进行了地层划分和系统采样(表 4-9)。

表 4-9　汉江上游 SJH 剖面地层划分和沉积学特征描述

深度/cm	地层划分	沉积学特征描述
0～70	表土层(MS)	浊棕色，粉砂质地，典型的团粒构造，疏松多孔，多蚯蚓孔洞，多植物根系，发育良好的现代土壤
70～90	古洪水 SWD4	灰白色，细砂质粉砂层，质地均一、松散，典型的古洪水 SWD

续表

深度/cm	地层划分	沉积学特征描述
90～120	现代黄土层(L_0)	浊黄橙色风成黄土，粉砂质地，团粒-团块状构造
120～200	古土壤层($S_{0上}$)	暗棕色古土壤，黏土质粉砂质地，典型的棱块状构造，坚硬，裂隙面有大量暗棕色黏土胶膜沉淀，属于黄褐土类型
200～220	古洪水 SWD3	浊黄橙色，细砂质粉砂层，质地均一，松散
220～320	古土壤层下部($S_{0下}$)	暗棕色古土壤，黏土质粉砂质地，典型的棱块状构造，坚硬，裂隙面有大量暗棕色黏土胶膜沉淀，属于黄褐土类型
320～400	过渡性黄土(L_t)	浊黄橙色过渡性黄土，粉砂质地，块状结构，稀疏的裂隙面有少量暗棕色黏土胶膜沉淀
400～450	古洪水 SWD2	浊黄橙色，砂质粉砂层，质地均一，松散
450～490	马兰黄土($L_{1上}$)	浊黄橙色，粉砂质地，块状结构，相当于马兰黄土的顶部
490～530	古洪水 SWD1	浊黄橙色，砂质粉砂层，质地均一，松散
530～680	马兰黄土($L_{1下}$)	浊黄橙色风成黄土，粉砂质地，块状结构，相当于秦岭北侧的马兰黄土
>680	砾石层	浊黄橙色砂，河流阶地沉积层

结合地层年代框架对比和 OSL 测年结果，确定 SJH 剖面的 70～90cm 的古洪水 SWD4 测年结果为 1000～900a B.P.，记录了北宋时期(960～1127 年)特大历史洪水事件。

4. GXHK 剖面

GXHK 剖面位于汉江上游郧西河段的基岩峡谷地带，附近有支流归仙河汇入汉江。剖面处于汉江左岸 T1 阶地前沿的一个陡坎处，剖面顶部高程约为 170m，高于汉江干流平水位 20m 左右，阶地面较为平缓，风尘堆积物直接覆盖在汉江一级阶地河流相沉积物之上，且向两侧延伸稳定，地层序列保存较为完整，层位界线清晰，夹有 4 层典型的古洪水 SWD。GXHK 剖面顶部为现代耕作层，剖面下部无明显的人为扰动迹象，是一个连续沉积的黄土剖面。

通过野外宏观特征的观察，发现 GXHK 剖面无明显人为扰动迹象，全新世中风成黄土-古土壤地层的土壤学与沉积学特征明显，然后结合土壤学、地层学和沉积学，对 SJH 剖面进行了地层划分和系统采样(表 4-10)。

结合地层年代框架对比和 OSL 测年，确定 GXHK 剖面的 60～75cm 的古洪水 SWD4 测年结果为 1000～900a B.P.，记录了北宋时期(960～1127 年)特大历史洪水事件。

表 4-10　汉江上游 GXHK 剖面地层划分和沉积学特征描述

深度/cm	地层划分	沉积学特征描述
0～60	表土层(MS)	黏土-粉砂质地，团粒结构，疏松多孔，多植物根系
60～75	古洪水 SWD4	灰白色，砂-粉砂质地，颗粒较粗，砂质感明显，结构和质地十分均匀，十分疏松
75～100	现代黄土层(L_0)	粉砂质地，块状结构
100～120	古洪水 SWD3	灰白色，砂-粉砂质地，颗粒较粗，砂质感明显，结构和质地十分均匀，十分疏松
120～208	古土壤层上部($S_{0上}$)	黏土-粉砂质地，棱块状结构，致密坚硬，结构面有大量暗棕色黏土胶膜沉淀
208～232	古洪水 SWD2	砂-粉砂质地，质地均匀、结构松散
232～270	古土壤层下部($S_{0下}$)	黏土-粉砂质地，棱块状结构，致密坚硬，结构面有大量暗棕色黏土胶膜沉淀
270～310	过渡性黄土层(L_t)	粉砂质地，块状结构，裂隙面分布有少量暗棕色黏土胶膜
310～340	马兰黄土($L_{1上}$)	粉砂质地，块状结构
340～388	古洪水 SWD1	砂-粉砂质地，质地和结构比较均匀且松散
388～540	马兰黄土($L_{1下}$)	粉砂质地，块状结构
>540	砾石层	河流相砂层，以下为砾石层，典型的河流相二元结构

5. MTS 剖面

MTS 剖面位于汉江郧阳河段的弥陀寺村，此处为地形较平缓开阔地带，河漫滩宽 100～150m，1～3 级河流阶地发育完整，右岸无漫滩。MTS 剖面处于汉江左岸 T1 阶地的前沿，剖面顶界高程为 170m，阶地面平坦宽阔，侵蚀微弱，前缘受人为活动影响较小，除上部耕作层外，其他沉积层未受扰动，各地层清晰，沉积序列完整，较好地保存了风成黄土沉积以来的原貌。

野外实地考察时，在一片竹林所处的地层中，发现黄土-古土壤沉积剖面中含有一层典型古洪水 SWD，古洪水 SWD 质地极均匀无层理，以灰白色为主夹杂在表土层之中，尖灭点清晰，沉积物沿河道断续存在于地层中；古洪水 SWD 与上下地层接触突变，接触面清晰，与黄土-古土壤地层之间的渐变特征明显不同。

通过野外宏观特征的观察，结合土壤学、地层学和沉积学，对 MTS 剖面进行了地层划分和系统采样(表 4-11)。结合地层年代框架对比和 OSL 测年，确定 MTS 剖面的 30～40cm 的古洪水 SWD 测年结果为 1000～900a B.P.，记录了北宋时期(960～1127 年)特大历史洪水事件。

表 4-11　汉江上游 MTS 剖面地层划分和沉积学特征描述

深度/cm	地层划分	沉积学特征描述
0～30	表土层（MS 上）	浊棕色，团粒构造，疏松多孔，多植物根系
30～40	古洪水 SWD	灰白色，细砂质粉砂，厚度约 10cm，向坡上尖灭，沿河流向上下游追索，可见其断续存在于地层中
40～70	表土层（MS 下）	浊棕色，团粒构造，疏松多孔，多植物根系
70～150	现代黄土层（L_0）	浊黄橙，粉砂质地，块状构造，成土作用微弱
150～250	古土壤层（S_0）	暗棕色，黏土粉砂质地，棱块状结构，致密坚硬，结构面有大量暗棕色黏土胶膜沉淀
250～290	过渡性黄土(L_t)	浊黄橙色，粉砂质地，块状结构
290～600	马兰黄土（L_1）	浊黄橙色，粉砂质地，均质块状构造

第5章　汉江上游沉积记录的历史古洪水事件年代考证

第4章通过总结和整理近年来汉江上游古洪水研究成果，发现在汉江上游T1阶地前沿的黄土-古土壤沉积剖面中，记录有东汉（25～220年）和北宋（960～1127年）的古洪水事件。而且，图4-1标明的记录东汉和北宋时期的古洪水事件的沉积剖面，仅涉及了陕西、湖北两省，在空间上有些沉积剖面位置相距不远，如记录东汉时期古洪水事件的LJZ剖面、TJZ剖面、QF-B剖面和LWD-A剖面，记录北宋时期古洪水事件的YJP剖面、SJH剖面、GXHK剖面和MTS剖面（图4-1中虚线框内），说明汉江上游T1阶地前沿黄土-古土壤沉积剖面中，有可能分别记录了东汉和北宋时期的一次洪水事件。

我国拥有丰富的历史文献记载，文献蕴含的气候事件信息极其丰富，使当代中国在气候变化研究领域中崭露头角，特别是历史时期特大灾害事件记载往往与极端气候事件的发生密不可分，相关记载史不绝书[243]，并有确切的年代值。如果将沉积记录的历史时期古洪水事件与历史文献记载的特大洪水灾害事件结合起来进行综合研究，考证其确切的年代值，将具有重要的科学价值。

为此，本书收集和整理了《中国气象灾害大典：综合卷》[219]《中国气象灾害大典：陕西卷》[220]《中国气象灾害大典：湖北卷》[221]《中国气象灾害大典：河南卷》[222]《中国三千年气象记录总集》[223]《后汉书》[224]《西北灾荒史》[120]《陕西历史自然灾害简要纪实》[126]，以及汉江上游宁强、勉县、汉中、南郑、城固、石泉、安康、白河等各地区县志[215,216,225-236]中有关洪水灾害的文献资料，凡是涉及汉江上游所在地区的洪水灾害都统计在内，用于考证汉江上游沉积记录的东汉和北宋时期古洪水事件发生年代。

5.1　东汉时期古洪水事件年代考证

1. 汉江上游秦朝至隋朝时期洪水灾害发生频次统计分析

为了考证汉江上游沉积记录的东汉时期古洪水事件发生年代，依据历史文献资料记录[118-120,126,209,214-216,219-237]，以朝代为单位，统计了汉江上游秦朝至隋朝（公元前221～公元618年）839年间历史洪水发生次数（见附录1），统计结果见图5-1。

图 5-1 表明，汉江上游秦朝到隋朝共发生有年代记录的洪水灾害 34 次，其中东汉时期洪水灾害最多，为 14 次，明显高于其他朝代，超过秦朝到隋朝洪水灾害总数的 1/3，说明汉江上游东汉时期为洪水灾害的频发时期，这与王尚义[244]从全国角度分析两汉时期水患结果，以及彭维英等[23]分析汉江上游历史时期洪水灾害结果一致。

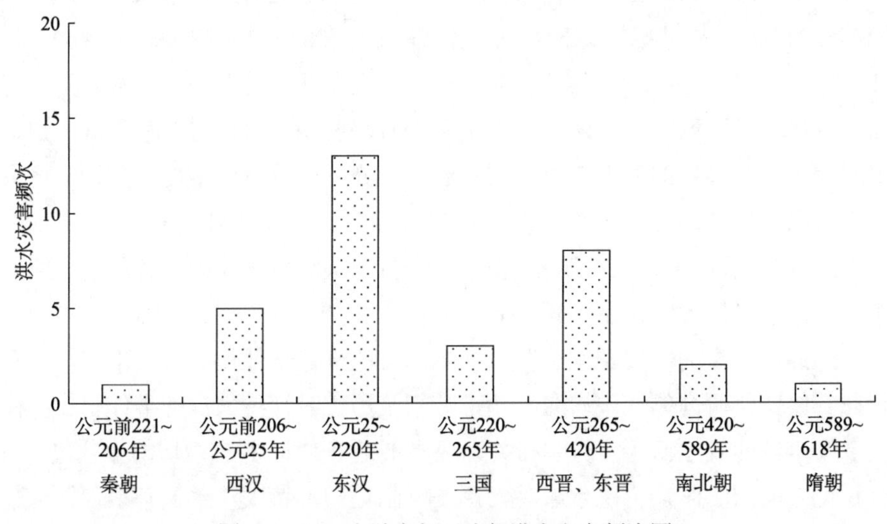

图 5-1　汉江上游秦朝至隋朝洪水灾害频次图

2. 东汉时期洪水灾害发生频次的时空分布分析

1) 洪水灾害发生频次的时间分布

纵观汉江上游东汉时期的洪水灾害频次的时间分布，由图 5-2 可知，汉江上游东汉时期在 25～154 年期间，除东汉延平元年(106 年)有 2 次洪水灾害记录外，文献记载中没发现其他洪水灾害记录，这说明东汉早期洪水灾害发生频率很小。

而在永寿元年(155 年)有洪水灾害记录 1 次，永寿三年(157 年)有洪水灾害记录 2 次，说明东汉中期洪水灾害记录比较多；在初平四年(193 年)有洪水灾害记录 1 次，在兴平二年(195 年)、建安二年(197 年)、建安二十年(215 年)和建安二十四年(219 年)均有洪水灾害 2 次记录，其余年份在文献史料中记录很少，说明东汉末期洪水灾害发生相对较多，特别是在东汉末期初平四年(193 年)以后的年份内洪水灾害发生频次相对更频繁。

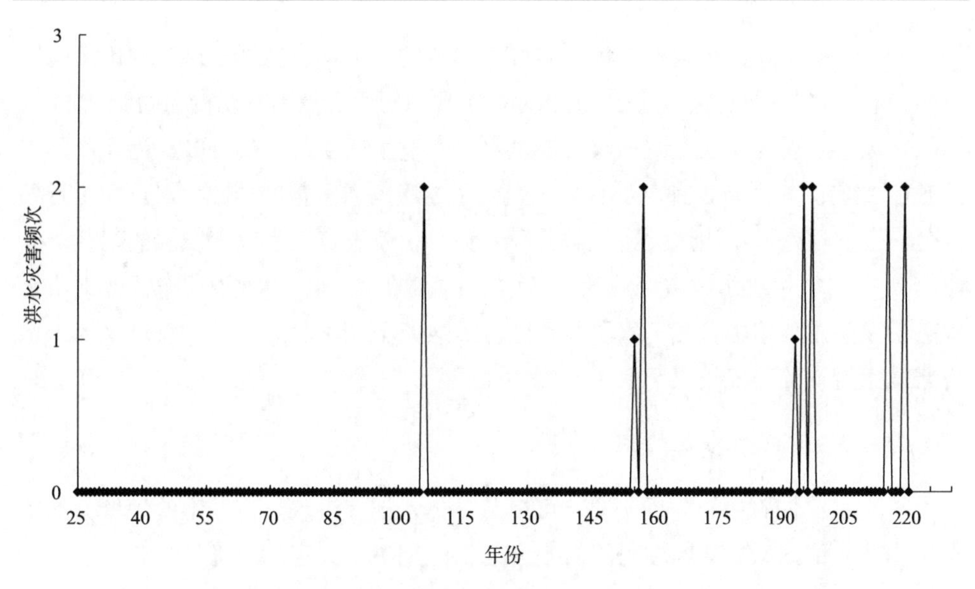

图 5-2　汉江上游东汉时期洪水灾害频次图

为了较为全面地了解历史文献记载中汉江上游东汉时期洪水灾害发生的时间状况，表 5-1 统计了文献记载中东汉时期洪水灾害发生的季节分布。

表 5-1　汉江上游东汉时期洪水灾害发生季节统计表　（单位：次）

春季(1～3 月)	夏季(4～6 月)	秋季(7～9 月)	冬季(10～12 月)
0	5	8	1

在统计的历史文献中，永寿三年(157 年)和建安二十年(215 年)的洪水灾害，仅有明确的季节说明，而没有具体的月份，如《中国气象灾害大典：河南卷》[222]记载“永寿三年(157 年)，秋南阳水”，《宁强县志》[228]记载“建安二十年(215 年)夏，汉水溢，漂 6000 余家”，其余均明确有洪水灾害发生的月份。从表 5-1 可见，汉江上游东汉时期历史文献记载的 14 次洪水灾害中，发生在秋季的洪水灾害为 8 次，占总数的 57%，说明汉江上游东汉时期洪水灾害发生时间主要集中在秋季；夏季发生的洪水灾害为 5 次，占总数的 36%；春季没有洪水灾害发生的记载；冬季发生的洪水灾害仅为 1 次，为《丹凤县志》[231]记载“延平元年(106 年)，元月及秋季大水”。从统计结果来看，夏、秋季节为东汉时期洪水灾害发生的主要时段中有 13 次，占总数的 93%，表明汉江上游东汉时期洪水灾害发生主要集中在夏、秋季节。

此外，除文献记载永寿三年(157 年)和建安二十年(215 年)这两次洪水灾害发生没有具体的月份外，分析汉江上游东汉时期历史文献中有明确月份记载的 12 次洪水灾害发现，汉江上游东汉时期洪水灾害发生在 9 月记载最多，为 4 次，占总数的 33%；其次为 8 月，洪水灾害发生了 3 次，占总数的 25%，6 月和 7 月各 1 次，除 1 月有 1 次洪水灾害记载外，其他月份就没有洪水灾害发生的记载。其中，5～9 月发生洪水灾害记载为 11 次，占总数的 92%，再次说明东汉时期洪水灾害的发生主要集中在夏、秋季节，这与彭维英等[23]对汉江上游秦汉以来的洪水灾害发生规律的研究结果一致。

2) 洪水灾害发生频次的空间分布

对洪水灾害的空间分析研究，可以从总体上把握洪水灾害发生的地域分布状况。为此，依据历史文献中对汉江上游东汉时期洪水灾害的明确县(州)记载，对汉江上游各县(州)东汉时期的洪水灾害发生次数进行统计，发生频次较多的地区有安康、汉中、南阳，分别发生了 4 次、3 次、3 次；其次为宁强、勉县、南郑、城固、旬阳，均发生了 2 次；留坝、石泉、白河、丹凤、郧阳发生频次最少，均发生了 1 次；其余地区史料记载很少。然后采用 ArcGIS 软件，运用反距离插值法得到汉江上游东汉时期洪水灾害发生频次的空间分布图(图 5-3)。

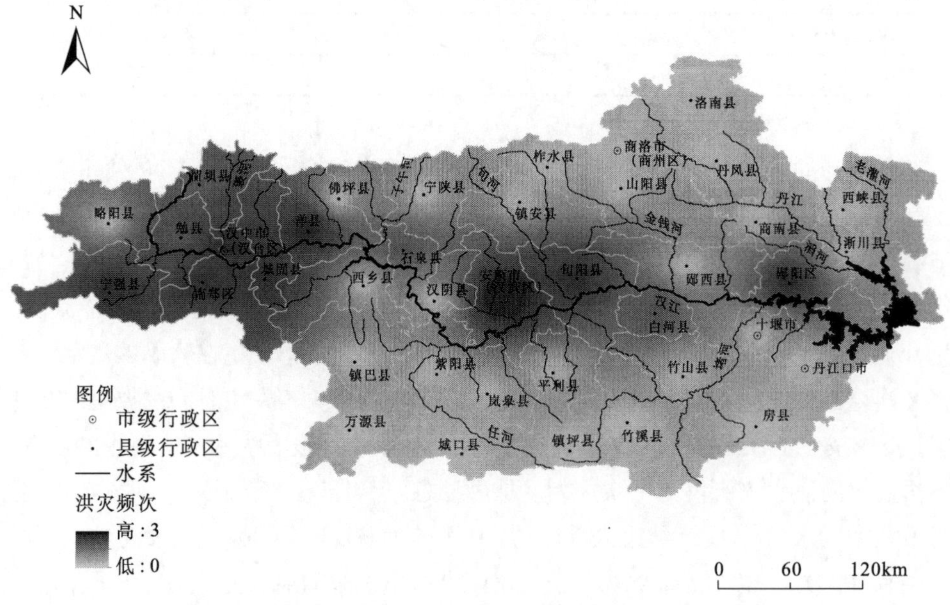

图 5-3　汉江上游东汉时期洪水灾害发生频次的空间分布图

从图 5-3 看出，汉江上游东汉时期洪水灾害的空间差异性明显，以安康市为中心出现了一个高频中心，洪水灾害的发生频次大体呈由西向东递减的趋势。其次在汉中市和南阳市分别形成一个局部小高频中心，说明汉江上游东汉时期洪水灾害的空间分布主要是在安康市，其次为汉中市。

3. 东汉时期洪水灾害等级分析

历史文献中大量关于灾害的记载，多为定性描述，定量描述的实属罕见[245]。为了研究历史时期灾害的变化规律，在不同地区依据对灾害的定性描述，采用不同的等级划分标准。例如，顾静等[246]对 1644～2003 年泾河流域的洪水灾害，依据洪灾持续时间、受灾范围以及受灾程度，将洪水灾害等级划分为轻度、中度、大洪水、特大洪水灾害四个等级，由于研究尺度涉及历史时期，虽然采用古今结合的划分方法较为详细，但依据有限史料记载的区域性洪水灾害来判定其等级，带有一定的局限性。赵英杰和查小春[247]根据渭河下游历史洪水灾害的史料记载，将洪水灾害划为轻灾、中灾、重灾三个等级，但在划分等级时，仅考虑了洪水灾害的受灾范围和灾情程度，虽然与其他几种划分方法相比，更为合理，但考虑的划分标准较少，仍有局限。

本节依据卢越等[100]、姬霖等[109]对洪水灾害的划分法，按照历史文献中对洪水灾害发生情况、洪水灾害影响范围、灾害持续时间长短，以及洪水灾害危害程度等方面的描述，将汉江上游东汉时期 14 次洪水灾害级别划分为三个等级，分别为重度洪水灾害、中度洪水灾害和轻度洪水灾害。

一级为轻度洪水灾害。这个等级的洪水灾害，在历史文献资料中只是单纯地记载了某地区或小范围内发生了“大水”“溢”“大雨”等，但对人民生产和生活产生的影响如何，文献中没有明确的记载和描述。例如，《丹凤县志》[231]记载“延平元年(106 年)，元月及秋季大水”；《中国气象灾害大典：河南卷》[222]记载“永寿元年(155 年)，襄阳：六月，南阳夏大水”；《洋县志》[226]记载“初平四年(193 年)五月，大霖雨，洋县汉水溢”；《中国气象灾害大典：陕西卷》[220]记载“兴平二年(195 年)五月，洋县一带大霖雨，汉水溢”；《洋县志》[226]记载“兴平二年 (195 年) 八月，大霖雨，汉水溢”；《留坝县志》[234]记载“建安二年(197 年)八月，大霖雨，紫柏河水溢”；《白河县志》[230]记载“建安二十四年(219 年)九月，汉江洪水”等。

二级为中度洪水灾害。这个等级的洪水灾害，在历史文献资料中除了记载河水“大水”“溢”外，还有洪水灾害的影响记载，如“淫雨害稼”或“官府赈恤”等记载。例如，《后汉书》[224]记载“延平元年(106 年)……九月，六州大水。袁山松书曰：‘六州河、济、渭、雒、洧水盛长，泛溢伤秋稼’”等。

三级为重度洪水灾害。对于这个等级的洪水灾害，历史文献资料往往有房屋倒塌、农田被淹、受灾范围广，以及对人民生命财产安全造成严重的损害等记载。例如，《中国气象灾害大典：河南卷》[222]记载“永寿三年(157 年)，淅川七月壬午洪水盛，多塘实灾，堤防冲博，灌渠绝”；《汉中地区志》[216]《安康县志》[229]《中国气象灾害大典：湖北卷》[221]等有建安二年(197 年)九月“汉水流害民人”等类似的记载；《宁强县志》[228]记载“建安二十年(215 年)夏，汉水溢，漂 6000 余家”；《南郑县志》[233]记载“建安二十年(215 年)秋九月，汉水泛滥，人民被冲若干”；《汉中地区志》[216]记载“建安二十四年(219 年)秋，大霖雨，汉水溢，平地水数丈，危害老百姓”；《中国气象灾害大典：河南卷》[222]记载“建安二十四年(219 年)，南阳八月大霖雨，汉水溢，平地数丈，流害民人”等。

按照上述洪水灾害等级划分标准，对汉江上游东汉时期 14 次洪水灾害做了等级划分，结果见图 5-4。

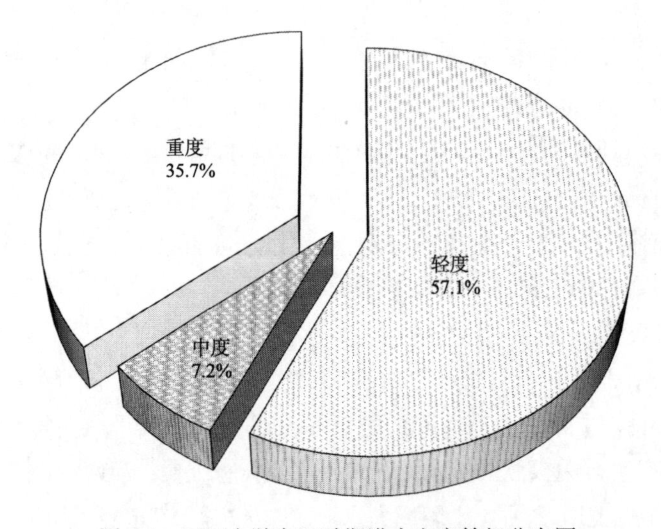

图 5-4　汉江上游东汉时期洪水灾害等级分布图

由图 5-4 可见，汉江上游东汉时期的洪水灾害中，一级轻度洪水灾害有 8 次，分别发生在延平元年(106)元月、永寿元年(155 年)六月、永寿三年(157 年)秋、初平四年(193 年)五月、兴平二年(195)五月、兴平二年(195 年)八月、建安二年(197 年)八月、建安二十四年(219 年)九月，占汉江上游东汉时期洪水灾害总数的 57.1%。这类洪水灾害在文献记载中只是简单的描述，如《丹凤县志》[231]记载“延平元年(106 年)，元月大水”；《中国气象灾害大典：陕西卷》[220]记载“兴平二年

(195 年)五月，洋县一带大霖雨，汉水溢”等。

二级中度洪水灾害为 1 次，发生在延平元年(106 年)九月，如《后汉书》[224]记载“延平元年(106 年)……九月，六州大水。袁山松书曰：‘六州河、济、渭雒、洧水盛长，泛溢伤秋稼’”，只占汉江上游东汉时期洪水灾害总数的 7.2%。这类洪水灾害在文献中只有淹没或伤害庄稼的描述。

三级重度洪水灾害有 5 次，分别发生在永寿三年(157 年)七月、建安二年(197 年)九月、建安二十年(215 年)夏、建安二十年(215 年)九月、建安二十四年(219 年)八月，占汉江上游东汉时期洪水灾害总数的 35.7%。这类洪水灾害有农田设施破坏、人畜死伤或对人民生命财产安全造成严重的损害等记载，如《汉中地区志》[216]记载“建安二十四年(219 年)八月，汉水流害人民”；《中国气象灾害大典：河南卷》[222]记载“建安二十四年(219 年)，南阳八月大霖雨，汉水溢，平地数丈，流害民人”等。

对于汉江上游东汉时期的 5 次重度洪水灾害，从历史文献记载中统计的洪水灾害发生地点来看，东汉永寿三年(157 年)七月、建安二十年(215 年)夏、建安二十年(215 年)九月的洪水灾害文献中仅有一处记载，如《中国气象灾害大典：河南卷》[222]记载东汉永寿三年(157 年)“淅川七月壬午洪水盛，多塘实灾，堤防冲博，灌渠绝”；《宁强县志》[228]记载东汉建安二十年(215 年)“夏，汉水溢，漂 6000 余家”；《南郑县志》[232]记载东汉建安二十年(215 年)“秋九月，汉水泛滥，人民被冲若干”。说明这 3 次洪水灾害可能是局地性灾害事件。而东汉建安二年(197 年)九月和建安二十四年(219 年)八月的洪水灾害，在多地的文献中均有记载。东汉建安二年(197 年)九月的洪水灾害，有 10 处文献记载，如《汉中地区志》[216]记载“九月，汉水流害民人”；《安康县志》[229]记载“秋九月汉水溢，流人民”；《中国气象灾害大典：湖北卷》[221]记载“郧县：秋，九月，汉水溢，害民人”等。东汉建安二十四年(219 年)八月的洪水灾害，文献记载有 11 处，如《中国气象灾害大典：陕西卷》[220]记载“秋，大霖雨，汉水溢，平地水数丈”；《安康县志》[229]记载“秋八月，大霖雨，汉水溢”；《汉中地区志》[216]记载“八月，汉水流害民人”；《中国气象灾害大典：河南卷》[222]记载“南阳八月大霖雨，汉水溢，平地数丈，流害民人”等。这说明汉江上游东汉建安二年(197 年)九月和建安二十四年(219 年)八月的洪水灾害应为区域性的灾害事件，影响范围广。

4. 东汉时期古洪水事件年代考证

一般而言，灾害等级越低的洪水灾害，因其强度弱、灾情小，对当时的社会经济影响程度就小，影响范围就窄；而等级越高的洪水灾害，因其强度高、规模大，则会给社会经济发展带来严重的灾难和损害，对社会经济影响范围就广。从汉江上游6个记录东汉时期洪水事件的剖面分布地点来看，涉及陕西、湖北两省，说明要考证这次洪水事件，就应从重度灾害等级中东汉建安二年(197 年)九月和建安二十四年(219 年)八月这两次影响范围广的洪水灾害中进行考证分析。

从洪水灾害影响范围来看，《中国气象灾害大典：综合卷》[219]《中国气象灾害大典：陕西卷》[220]《中国气象灾害大典：湖北卷》[221]《中国气象灾害大典：河南卷》[222]《汉中地区志》[216]《勉县志》[227]《安康县志》[229]等均记载有东汉建安二年(197 年)九月的洪水事件，说明这次洪水灾害涉及汉江上游的陕西、湖北、河南三省。而东汉建安二十四年(219 年)八月的洪水灾害，仅在《中国气象灾害大典：河南卷》[222]以及陕西省的宁强、汉中、南郑、城固、安康、石泉等县志有所记录[228,229,232,233,235,236]，在湖北省的文献中未见记载，涉及范围仅限河南省和陕西省的南部地区，表明东汉建安二十四年(219 年)八月的洪水灾害比东汉建安二年(197 年)九月的洪水灾害影响范围小。

从洪水灾害影响强度来看，文献中均记载有东汉建安二年(197 年)九月和建安二十四年(219 年)八月洪水灾害影响到当地人民生命安全的记载，如《中国气象灾害大典：湖北卷》[221]记载东汉建安二年(197 年)“郧县：秋，九月，汉水溢，害人民”;《汉中地区志》[216]记载东汉建安二年(197 年)“九月，汉水流害民人”等;《中国气象灾害大典：河南卷》[222]还记载有东汉建安二十四年(219 年)“南阳八月大霖雨，汉水溢，平地数丈，流害民人”等。《城固县志》[236]记载有东汉建安二年(197 年)“九月，汉江涨溢，淹没两岸村舍、农田”，说明东汉建安二年(197 年)九月的洪水灾害，不仅“害民人”，而且还漫上河道，淹没了河岸周围的农田和村落。但在文献中未见东汉建安二十四年(219 年)八月洪水灾害对农田、村落影响的记载，说明东汉建安二年(197 年)九月的洪水灾害比建安二十四年(219 年)八月的洪水灾害影响强度要严重。

从洪水灾害影响程度来看，《中国气象灾害大典：综合卷》[219]记载东汉建安二年(197 年)“九月汉水暴发洪水，危害老百姓，当时天下大乱”，以及《中国气象灾害大典：河南卷》[222]记载东汉建安二年(197 年)“九月汉水溢，危害民人，是时天下大乱”，说明东汉建安二年(197 年)九月洪水灾害，不仅严重危害到人民的正常生活和生命安全，而且造成社会“大乱”。但在文献中未见东汉建安二十四年(219 年)八月洪水灾害这方面的记载，表明东汉建安二年(197 年)九月的洪水灾害比建安二十四年(219 年)八月的洪水灾害造成的社会影响程度更大。

此外，东汉建安二年(197 年)九月的洪水灾害在汉江上游之外的其他地区也有记载。例如，《中国气象灾害大典：湖北卷》[221]中记载东汉建安二年(197 年)九月，汉阳、宜城、襄阳、汉口、光化、江陵、安陆等地“汉水溢”，说明这次洪水灾害遍及整个汉江流域;《中国三千年气象记录总集》[223]中记载东汉建安二年(197 年)“九月，汉水溢。是岁饥，江淮间民相食”，说明这次洪水灾害引发严重的饥荒现象，甚至还出现了“民相食”的现象。而东汉建安二十四年(219 年)八月洪水灾害未见相关记载。这说明东汉建安二年(197 年)九月的洪水灾害，不仅影响范围广，而且也是一次全流域、灾情极其严重的洪水灾害。

河流发生洪水时，往往会在河流岸边遗留下泥沙、水印、杂草，或者群众设置指水碑，以及其他一切能够代表洪水位所能到达最高位置的标记物，即洪痕，都可作为推求洪水位的依据[26]。一般来说，洪水流量越大，对应的洪峰水位就越高，洪水过后在河流岸边遗留下的洪痕也就越高。而且，前期流量比较小的低水位洪痕往往会被后期流量大的高水位洪水冲刷掉或覆盖掉。流量大的高水位洪水发生过后，其遗留下的洪痕，因后期流量小、水位低的洪水位难以到达该位置，就得以保留下来。如果随后被高处崩塌的基岩风化物、坡积石渣土、风成黄土所掩埋，或者因处于洞穴、岩棚下(岩石下凹处)而不易被风雨侵蚀和生物扰动破坏，就可以长期保存下来[137]。古洪水 SWD 即历史时期及其以前特大洪水发生过后遗留下的洪痕[28,29]。汉江上游安康至郧阳之间 T1 阶地前沿 LJT 剖面、XTC-B 剖面、LJZ 剖面、TJZ 剖面、QF-B 剖面和 LWD-A 沉积剖面的古洪水 SWD，在沉积之后即被后期的风成黄土所掩埋而得以长期保留，剖面最上部的古洪水 SWD，则记录了东汉时期的古洪水事件。

综合上述分析可知，发生在东汉建安二年(197 年)九月的洪水灾害，其洪水规模、影响范围、影响强度和程度均为最大，再结合洪痕沉积规律可以认为，汉江上游沉积记录的东汉时期古洪水事件可能是东汉建安二年(197 年)九月的一次特大洪水。

5.2　北宋时期古洪水事件年代考证

1. 文献记载中唐朝至元朝洪水灾害的频次统计分析

为了考证汉江上游沉积记录的北宋时期古洪水事件发生年代，依据历史文献资料记录[118-120,126,209,214-216,218-237]，以朝代为单位，统计了汉江上游唐朝至元朝(618～1368 年)751 年间历史洪水发生次数(见附录 2)。

统计结果由图 5-5 可见，从唐朝至元朝的 700 多年间，汉江上游共发生洪水灾害 72 次。其中，唐朝 13 次，占 18%；五代十国 1 次，仅占 1%；北宋 35 次，占 49%；南宋 20 次，占 28%；元朝 3 次，占 4%。从汉江上游唐朝至元朝所占洪水灾害的频次可知，北宋时期洪水灾害发生频次几乎占到了唐朝至元朝洪水灾害总次数之和的一半，也明显多于其前后朝代的洪水灾害次数，说明北宋是在此期间洪水灾害发生频次最多的朝代。这与满志敏[122]、郝志新等[128]研究我国东部北宋时期洪灾结果一致，也与彭维英等[23]分析汉江上游历史时期洪水灾害结果一致。

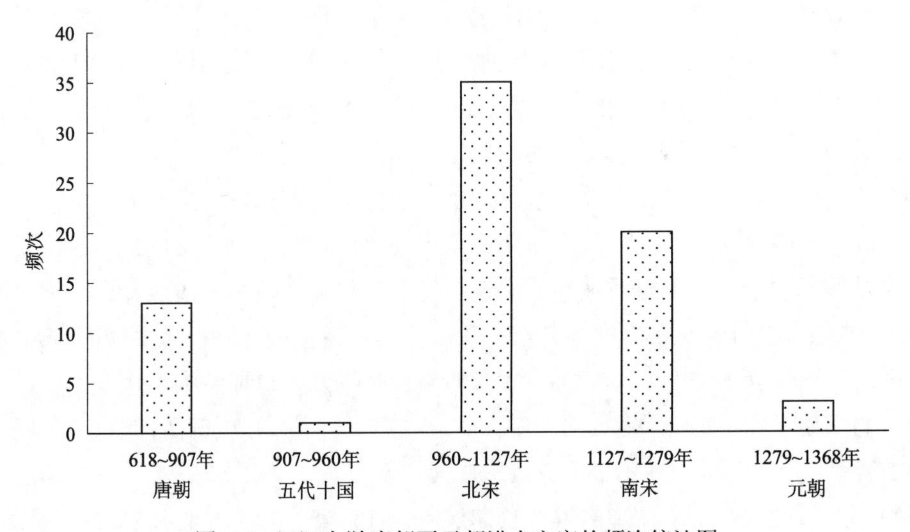

图 5-5 汉江上游唐朝至元朝洪水灾害的频次统计图

2. 北宋时期洪水灾害发生频次的时空分布分析

1) 洪水灾害发生频次的时间分布

统计汉江上游北宋时期的洪水灾害频次的时间分布，由图 5-6 可知，汉江上游北宋时期的洪水灾害频次主要集中在北宋前期和后期。

在北宋前期的 960～1025 年，洪水灾害的发生频次最多，年际洪水灾害发生时间间隔短，平均时间间隔每 2～3 年发生 1 次洪水灾害。其中太平兴国七年(982 年)、太平兴国八年(983 年)、太平兴国九年(984 年)这三年为连年洪水，以年内洪水灾害发生 2 次居多；淳化二年(991 年)年内洪水灾害发生频次最高可达 3 次；在北宋后期的景德二年(1005 年)至大观四年(1110 年)，该时期内洪水灾害发生频次较多且年际洪水灾害的发生时间间隔较短，平均时间间隔为 4～6 年，其中皇祐四年(1052 年)、熙宁四年(1071)出现 2 次洪水灾害，其余仅在嘉祐六年(1061 年)、治平四年(1067 年)、熙宁八年(1075 年)和元丰三年(1080 年)发生各 1 次洪水灾害。其余时段洪水灾害出现次数很少，特别是天圣六年(1028 年)至皇祐四年(1052 年)年内文献记载的洪水灾害几乎为零。这说明汉江上游北宋时期洪水灾害发生频次在时间分布上极不均匀。

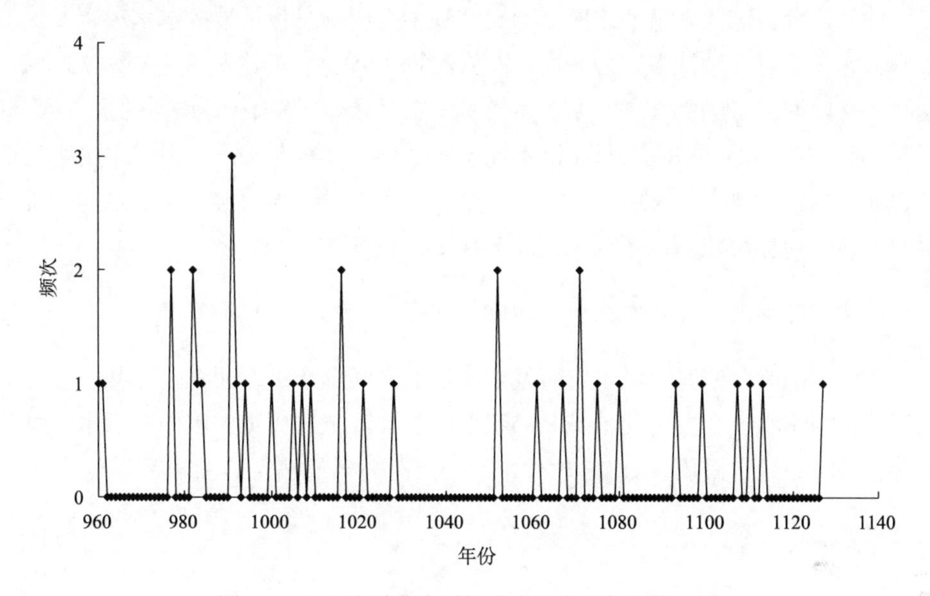

图 5-6　汉江上游北宋时期洪水灾害的频次统计图

为了了解汉江上游北宋时期洪水灾害在年内发生的时间段，表 5-2 按照文献记载的洪水灾害时间进行了季节统计。在汉江上游北宋时期 35 次洪水灾害中，除了建隆二年(961 年)、熙宁八年(1075 年)和政和三年(1113 年)的洪水灾害无明确的月份或季节说明外，其余记载的洪水灾害具有明确的月份或季节。其中有明确季节记载的共计 6 次，分别为太平兴国七年(982 年)夏、太平兴国九年(984 年)夏、淳化五年(994 年)秋、大中祥符二年(1009 年)夏、大观元年(1107 年)夏和大观四年(1110 年)夏。由表 5-2 可见，汉江上游东汉时期春季洪水灾害记录仅为 1 次，夏季洪水灾害记录为 10 次，秋季洪水灾害的记录高达 20 次，冬季洪水灾害记录也仅为 1 次，说明汉江上游北宋时期夏、秋季节洪灾发生频次较高，总计达到 30 次，占全年总数的 94%；表明汉江上游北宋时期洪水灾害的发生主要集中在夏、秋季节。

表 5-2　汉江上游北宋时期洪水灾害发生季节统计表　（单位：次）

春季(1～3 月)	夏季(4～6 月)	秋季(7～9 月)	冬季(1～12 月)
1	10	20	1

此外，分析汉江上游北宋时期历史文献中有明确月份记载的洪水灾害发现，洪水灾害在 7 月记录最多，为 8 次，占总数的 27.59%，其次是 8 月，为 7 次，占总数的 24.14%；6 月为 6 次，9 月为 5 次，3 月、4 月和 10 月均发生了 1 次，1 月、2 月、5 月、11 月和 12 月无洪水灾害发生记录。其中，6～9 月洪水灾害记录共占 89.66%，说明北宋时期洪水灾害的发生主要集中在夏、秋季节，这与彭维英等[23]对汉江上游秦汉以来的洪水灾害发生规律的研究结果一致。

2) 北宋时期洪水灾害发生频次的空间分布

对汉江上游北宋时期洪水灾害发生频次的空间分布进行研究，可从宏观上更直观地把握洪水灾害发生的地域分布状况。为此，依据历史文献中对洪水灾害的明确县(州)记录，采用 ArcGIS 软件，运用反距离插值法得到图 5-7。

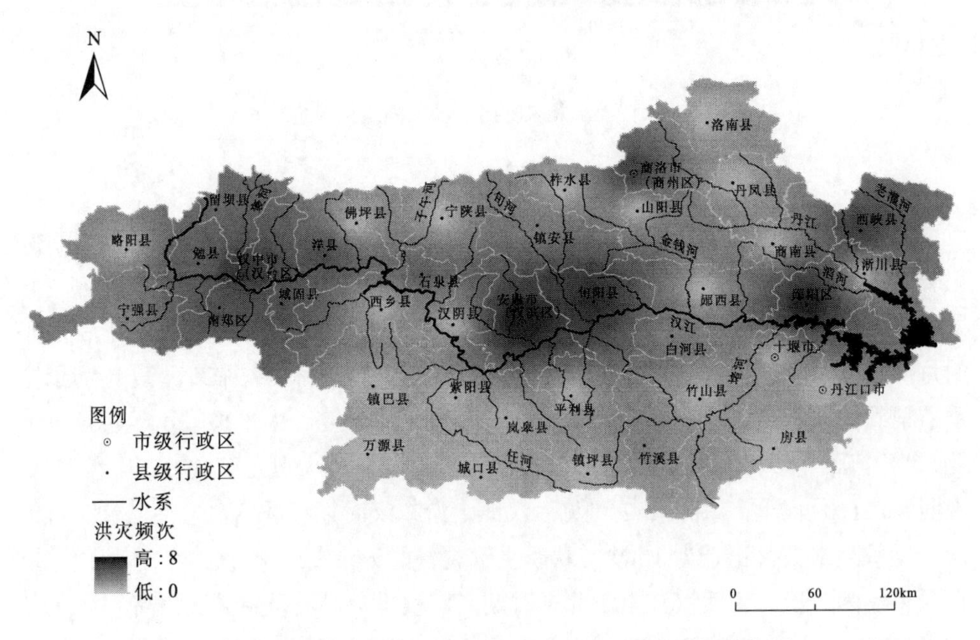

图 5-7　汉江上游北宋时期洪水灾害发生频次的空间分布图

从图 5-7 看出，汉江上游北宋时期洪水灾害发生频次在地区上存在明显的差异。北宋时期以现在的安康市和郧阳区为中心出现了两个洪水灾害高发中心。安康市在此期间，洪水灾害记录了 8 次，郧阳区为 7 次；其次的洪水灾害高发中心为旬阳，在此期间洪水灾害记录了 6 次；此外，汉中市在此期间洪水灾害记录有 5 次。说明汉江上游北宋时期洪水灾害的空间分布主要是在安康市、郧阳区，其次为旬阳、汉中。

3. 北宋时期洪水灾害等级分析

借鉴姬霖[109]对汉江上游东汉时期洪水灾害划分的等级序列，参照《中国近五百年旱涝分布图集》[248]在研究历史时期洪水灾害时提出的 5 等级旱涝灾害经典划分原则，并结合历史文献中的灾情描述，将汉江上游北宋时期 35 次洪灾划分为 4 个等级：弱灾、轻灾、中灾和重灾。同时，在划分重灾和中灾时不仅考虑了灾情的严重性，还考虑了受灾面积的大小，即使洪灾中出现人畜伤亡的记载，但若洪灾波及范围不大，也酌情将其划为中灾；若洪灾受灾面积较大，虽未造成严重的人畜伤亡，也酌情将其定为重灾。

第一级为弱灾。这类洪水灾害在历史文献中记载较为简单，文献记载中仅有“水”“溢”“泛溢”等灾情描述，说明洪水灾害持续时间较短，受灾范围较小，洪水仅溢出河槽，无人畜溺死，对人民的生产生活造成的影响小。例如，《陕西省志》[214]记载太平兴国二年(977 年)“九月，兴州江水溢”；《白河县志》[230]记载熙宁四年(1071 年)“九月，汉江洪水”等。

第二级为轻灾。这类洪水灾害在历史文献中略有记载，如“大水”“大溢”“漂栈阁”“漂民田”“害稼”等灾情描述，说明洪水灾害持续时间短，受灾范围较小，主要表现为河道泛滥，大水漫流，农作物因长久浸水而死，部分道路被洪水淹没和基础设施遭到浅显的破坏等，但无人畜溺死。例如，《宋史》[249]记载大中祥符九年(1016 年)“九月……利州水漂栈阁万二千八百间”；《安康县志》[229]记载治平四年(1067 年)“八月，金州大水”等。

第三级为中灾。此类洪水灾害的文献记载较为详细，如“大水入城”“坏庐舍”“民有溺死者”等灾情描述，说明洪水灾害持续时间较长，受灾范围较大，出现河流泛滥成灾，冲坏大量驿道，淹没农田，毁坏房屋，造成少量人畜溺死或建筑物倒塌。例如，《中国气象灾害大典：湖北卷》[221]记载太平兴国九年(984 年)“郧县：夏六月，汉水涨，坏民舍”；《汉中市志》[233]记载淳化二年(991 年)“九月又大水，损坏庐田”；《宋史》[249]记载元符二年(1099 年)“六月，久雨，陕西、京西、河北大水，河溢，漂人民，坏庐舍”等。

第四级为重灾。这类洪水灾害在史料中有“毁城”“漂没县城”“死人甚多”等灾情描述，说明洪水灾害持续时间长，受灾范围广，冲毁县城，受灾人口多，造成大量人畜溺死，严重威胁着当地人民的生命财产安全。例如，《宋史》[249]记载太平兴国七年(982 年)“六月，均州涢水、均水、汉江并涨，坏民舍，人畜死者甚众”;《汉中市志》[233]记载淳化二年(991 年)“七月，汉江水涨，死人甚多”等。

按照上述的洪水灾害等级划分标准，对汉江上游北宋时期 35 次洪水灾害做了等级划分，结果如图 5-8 所示。由图 5-8 表明，汉江上游北宋时期的洪水灾害中，弱灾 5 次，分别发生在建隆二年(961 年)、太平兴国二年(977)九月、景德二年(1005 年)七月、景德四年(1007 年)夏和熙宁四年(1071 年)九月，占汉江上游北宋时期洪水灾害总数的 14.3%。这类洪灾在历史文献记载中描述比较简单，并未涉及对古代人民生产、生活的影响，如《洋县志》[226]中景德二年(1005 年)七月“汉江溢”等。

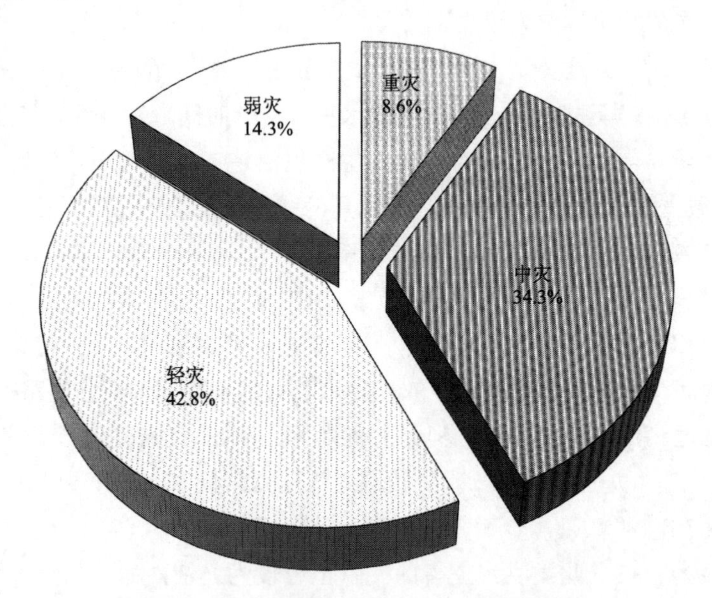

图 5-8 汉江上游北宋时期洪水灾害等级分布图

轻灾 15 次，分别发生在太平兴国二年(977 年)六月、太平兴国七年(982 年)七月、太平兴国九年(984 年)七月、淳化二年(991 年)四月和九月、大中祥符九年(1016 年)八月和九月、天禧五年(1021 年)三月、嘉祐六年(1061 年)七月、治平四年(1067 年)八月、熙宁八年(1075 年)、元丰三年(1080 年)七月、元祐八年(1093 年)八月、政和三年(1113 年)、靖康二年(1127 年)八月，占洪灾总数的 42.8%。文献记载中对这类灾情一般描述为“大水”“大溢”“漂栈阁”“漂民田”等，如《安康县志》[229]大中祥符九年(1016 年)“八月，利州水，漂栈阁”(栈阁即栈道)，熙宁八年(1075 年)“金州大水”，等等。

中灾 12 次，分别发生在建隆元年(960 年)七月、太平兴国八年(983 年)七月、淳化三年(992 年)十月、淳化五年(994 年)九月、咸平三年(1000 年)七月、天圣六年(1028 年)八月、皇祐四年(1052 年)六月和八月、熙宁四年(1071 年)八月、元符二年(1099 年)六月、大观元年(1107 年)、大观四年(1110 年)，占洪灾总数的 34.3%。文献记载中对这类灾情一般描述为“坏庐舍”“民有溺死者”。例如，《中国气象灾害大典：湖北卷》[221]中太平兴国九年(984 年)七月“郧县：夏六月，汉水涨，坏民舍”;《宋史》[249]中咸平三年(1000 年)七月“七月，洋州汉水溢，民有溺死者”等。

重灾 3 次，分别发生在太平兴国七年(982 年)六月、淳化二年(991 年)七月和大中祥符二年(1009 年)夏，占洪灾总数的 8.6%。重度洪灾虽发生频次少，但灾情重，文献记载中灾情一般描述为“死人甚多”“漂没县城”等。例如，《宋史》[249]中记载太平兴国七年(982 年)“六月，均州涢水、均水、汉江并涨，坏民舍，人畜死者甚众”等。

由图 5-8 可以看出，汉江上游北宋时期的洪水灾害以轻灾和中灾为主，分别为 15 次和 12 次，二者占了洪水灾害总数的 77.1%；弱灾与轻灾分别为 5 次和 15 次，占洪水灾害总数的 57.1%，超过一半，这与洪水灾害的发生规律一致。但是，重灾发生了 3 次，在时间分布上，集中分布在北宋时期的前期，这可能与当时多变的气候系统有关。

4. 北宋时期古洪水事件年代考证

一般而言，较低等级的洪水灾害，降水强度小、灾情程度弱、洪水淹没的面积狭小，对区域内人民的生产生活以及社会经济发展的影响程度小；而等级较高的洪水灾害，因其降水强度大、灾情较严重、淹没面积广，就会给当地社会经济发展带来严重的损失，以至于威胁到人民的生命财产安全。根据前文对汉江上游沉积记录的 5 个含有北宋时期古洪水事件的沉积剖面地点分布来看，主要涉及陕西、湖北两省，说明要考证沉积记录的北宋时期古洪水事件可能发生年代，就应从汉江上游历史文献记载的北宋时期涉及陕西、湖北两省相应河段的特大洪水灾害中加以判别分析。

依据划分重灾等级标准来看，重灾等级的洪水灾害，其强度高、受灾范围广，给社会经济发展带来严重的灾难和损害。因此，应从北宋时期的太平兴国七年(982年)六月、淳化二年(991年)七月和大中祥符二年(1009年)夏这3次重灾进行考证分析。

(1)从洪水灾害的分布范围来看，《宋史》[249]记载太平兴国七年(982年)“六月，均州涢水、均水、汉江并涨，坏民舍，人畜死者甚众”;《中国气象灾害大典：湖北卷》[221]也有太平兴国七年(982年)六月均州、均县、郧县类似的洪水灾害灾情文字描述;《中国气象灾害大典：湖北卷》[221]还记载太平兴国七年(982年)“竹溪：六月水涨，坏民居人畜”，说明在汉江上游湖北段发生了特大洪水灾害；此外，《中国气象灾害大典：湖北卷》[221]中明确记载了湖北省十堰、宜城、襄阳、光化、汉阳军(今汉川、汉阳)、武昌、汉口等地的此次洪灾记载。表明太平兴国七年(982年)六月洪水灾害波及了汉江上游、中游及下游的部分地区，至少影响11县，属于全流域型特大洪水灾害。

北宋淳化二年(991年)七月洪水灾害涉及汉江上游安康、汉中、勉县、城固、南郑等9个县级以上行政单位，如《汉中市志》[233]记载淳化二年(991年)“七八月，汉江水涨，死人甚多”;《城固县志》[236]记载淳化二年(991年)“七月，汉江水涨，毁两岸村舍、农田”;《旬阳县志》[225]记载淳化二年(991年)“七月，汉江水涨，坏民田庐舍”等；此外湖北复州(今湖北仙桃地区)亦有此次洪灾的记载。说明该次洪水灾害影响到了汉江上游的陕南地区以及下游的湖北复州地区，至少影响10县，影响范围广。

大中祥符二年(1009 年)夏的洪水灾害仅在陕西的《留坝县志》[234]有记载：“夏，发生特大水灾。黑龙江等诸河流水涨，死人甚多，栈阁毁坏”，说明此次洪水灾害仅限于留坝县一地，所涉及的流域也为汉江的支流黑龙江(即褒河)，为局地型洪水灾害。

(2)从洪水灾害的灾害严重程度和影响来看，太平兴国七年(982年)六月的洪水灾害在《宋史》[249]、《中国气象灾害大典：湖北卷》[221]，以及《十堰市志》[250]均有记载，“坏民舍，人畜死者甚众”或“坏民居人畜”，说明太平兴国七年(982年)六月江、汉并涨，且出现“人畜死者甚重”的严重灾情。

而淳化二年(991年)七月的洪水灾害，在安康、旬阳、洋县、城固、南郑和宁强等县志中，以“坏民田庐舍”记载为主，仅在《汉中市志》[233]中出现“七月，汉江水涨，死人甚多”的记载，说明此次洪水灾害涉及了汉中市局部地区的人员伤亡。

大中祥符二年(1009 年)夏的洪水灾害，在《留坝县志》[234]记载“夏，发生特大水灾。黑龙江等诸河流水涨，死人甚多，栈阁毁坏”，在北宋时期所有的洪水灾害文献记载中唯有这次洪水灾害使用了“特”字，从文字的描述里可以直观看出，此次洪水灾害不仅造成了道路毁坏、房屋倒塌等基础设施的破坏，而且造成了“死人甚多”，虽然大中祥符二年(1009 年)夏洪水灾害灾情比较严重，但属局地型洪水灾害，影响范围较小。

(3) 依据洪痕沉积规律来看，一般河流发生洪水后，河流的浅滩或者岸边时常会留下泥沙、水印和杂草等指示洪水发生过的痕迹[26]。当后期洪水水位高于前期洪水水位时，前期洪痕就可能被冲刷或被掩埋，而低于前期洪水水位时则其洪水沉积很难到达该位置。因此，一定时期的特大洪水水位较高，就可能使其洪痕保留下来，并被后期崩塌的基岩风化物、坡积石渣土或风成黄土等掩埋，不易被生物扰动或风雨侵蚀，并得以在地层中长期保存[137]。在汉江上游 T1 阶地前沿，记录北宋时期古洪水事件的 LSC-B 剖面、YJP 剖面、SJH 剖面、GXHK 剖面和 MTS 剖面中的古洪水 SWD，即北宋时期某次特大洪水发生后遗留下来的洪水痕迹，随后被后期的风成黄土所掩埋。

由此，从北宋时期洪水灾害的影响范围、灾情严重程度和社会影响来看，北宋太平兴国七年(982年)六月的洪水灾害，不仅是一次汉江全流域性的洪水灾害，而且其灾情严重程度和社会影响在北宋时期重灾中最大。结合河流洪痕的沉积规律分析可以推断，汉江上游 LSC-B 剖面、YJP 剖面、SJH 剖面、GXHK 剖面和 MTS 剖面这 5 个沉积剖面中，古洪水 SWD 记录的北宋时期古洪水事件可能为北宋时期太平兴国七年(982 年)六月的一次特大洪水事件。

第 6 章　汉江上游沉积记录的历史古洪水事件模拟计算

古洪水研究中，依据河流阶地沉积剖面发现的古洪水 SWD，就可以重建古洪水水位和流量，获得超长时间尺度的洪水水文数据[137]，在很大程度上延长洪水数据系列，从而使原先由频率曲线外延得到不精确的百年、千年，甚至万年一遇的洪水，可以转变为内插，提高洪水计算精度，为流域水利工程建设、洪水灾害防治和水资源的合理开发利用提供十分可靠的基础数据。

古洪水流量的模拟计算类似于由历史洪水位推求洪水流量，应根据河道情况，选用不同的计算方法。一类方法是利用研究河段的水位-流量关系推求流量[26]。当洪水位位于水文站断面附近，或者离水文站虽有一定的距离，但其间无较大支流加入，又有条件将古洪水水位推移至水文站断面时，可延长水位-流量关系来推算洪峰流量。但是，在古洪水水文研究中，古洪水滞流沉积物的沉积环境和后期保存条件十分苛刻，发现古洪水 SWD 沉积剖面地点往往离相应河段水文站较远，故不适合选用水位-流量关系方法进行古洪水洪峰流量的计算。

另一类方法是用水力学模型推求流量，如控制断面法、回水曲线法、比降法等[137]。这些方法均各有使用条件。例如，用控制断面法进行推流计算，优点在于避免了确定糙率系数等水力因子的困难，使计算更为简单，但控制断面在一般河道上较难找到；回水曲线法的优点是可以将各个洪痕水位都加以利用，但洪痕较多，需要计算的断面也较多，因而将增加对各断面糙率系数的拟定和推流试算的工作量，所以在使用上也受到了限制；比降法灵活、简便，在实际工作中采用较多，该方法中糙率系数的确定和河道断面的稳定是关键所在，在有条件的河段，应优先选用这种方法。

近年来，HEC-RAS 模型在国外古洪水流量计算中已得到广泛应用。一般采用 HEC-RAS 模型法需满足下列条件：要有古洪水的准确水面高程；河段基本顺直，河槽稳定，断面形状大体相近；无大的转折点，超临界流与次临界流的转换不宜太多，流态不宜过于复杂；研究河段的长度必须数倍于河谷宽度。

汉江上游安康段以下为基岩峡谷河段，其河槽形态比较规整，特大洪水出现时天然河道可被洪水完全淹没，天然河道水力要素随时间变化比较缓慢，可认为该河段水流运动为恒定流态，满足 HEC-RAS 模型恒定渐变流的水面线推算模拟。

为此，本书对沉积记录的东汉和北宋时期历史古洪水事件采用 HEC-RAS 水文模型进行流量模拟计算。

6.1　HEC-RAS 模型介绍

HEC(hydrologic engineering center)模型是由美国陆军工程兵团水文工程中心于 1964 年研发的一系列应用于河道洪水模拟和流域径流模拟研究的水文和水力软件，主要涉及流域的水文分析计算、河道水力计算、泥沙迁移、水文统计及风险分析、洪水调度以及水资源管理等领域[251]。HEC 模型主要包括：流域水文计算模型(HEC-1)、河道水力计算模型(HEC-2)、水库系统分析模型(HEC-3)、水流随机生成模拟模型(HEC-4)、水库/河道模拟模型(HEC-5)、一维泥沙输移模型(HEC-6)、河道水力分析模型(HEC-RAS)、水库系统模拟模型(HEC-Ressim)、洪水频率计算程序(HEC-FFA)、水文模拟模型(HEC-HMS)、生态系统模拟评价模型(HEC-EFM)等。

HEC-RAS 模型是 HEC 模型中的一种，由水文工程中心研发，能够演算一维稳定流或者非稳定流水文分析[252]，作为一个完整的软件系统，交互使用于多目标环境中。HEC-RAS 的第一版本(V 1.0)于 1995 年 7 月发行，目前至少已经发布了 10 个版本，分别为：V 1.1、V 1.2、V 2.0、V 2.1、V 2.2、V 2.21、V 3.0、V 3.1(2002 年 9 月)、V 4.1(2010 年 1 月)和 V 5.0.1(2016 年 5 月)[252]。HEC-RAS 模型主要有四大模块：恒定流水面线的计算(steady flow water surface profile)，主要用于单河道或整个河系恒定渐变流的水面线计算；非恒定流水面线的模拟(unsteady flow simulation)；泥沙输移(sediment transport/movable boundary computation)；水质分析(water quality analysis)。在 HEC-RAS 模型中，这四个模块共用相同的几何资料数据，几何和水力计算保存路径也在同一位置。模拟完成后可以用表格形式将各断面的各项模拟结果列出，快速、直观地将计算结果表现出来，并可以对有水位数据的多条河流进行多项目分析、多曲线计算，节约时间和费用[253,254]。

1. HEC-RAS 模型的恒定流水面线计算及模拟流程

HEC-RAS 模型的恒定流水面线的计算模块，其计算原理是基于一维能量方程式，逐断面计算[255]。模拟的河流可以是完整河网、树枝形状的河系，也可以是单一河槽。缓流、急流、混合流这三种水流流态的水面线也可以在这个模块中进行模拟计算。

计算的能量方程为

$$Y_2 + Z_2 + \frac{a_2 V_2^2}{2g} = Y_1 + Z_1 + \frac{a_1 V_1^2}{2g} + h_e \tag{6-1}$$

式中，Y_1、Y_2分别为断面 1、2 水深；Z_1、Z_2分别为断面 1、2 主河道高程；V_1、V_2分别为断面 1、2 平均流速；a_1、a_2分别为断面 1、2 动能修正系数；g 为重力加速度，取 9.8m/s^2；h_e为水头损失。能量方程各要素示意图如图 6-1 所示。

1、2 断面间的水头损失 h_e包括局部摩阻损失$\overline{S_f}$和局部水头损失，水头损失 h_e公式为

$$h_e = L\overline{S_f} + c\left|\frac{a_2 V_2^2}{2g} - \frac{a_1 V_1^2}{2g}\right| \tag{6-2}$$

式中，L 为断面平均距离；$\overline{S_f}$ 为两断面间沿程水头损失坡度；c 为收缩或扩散损失系数。

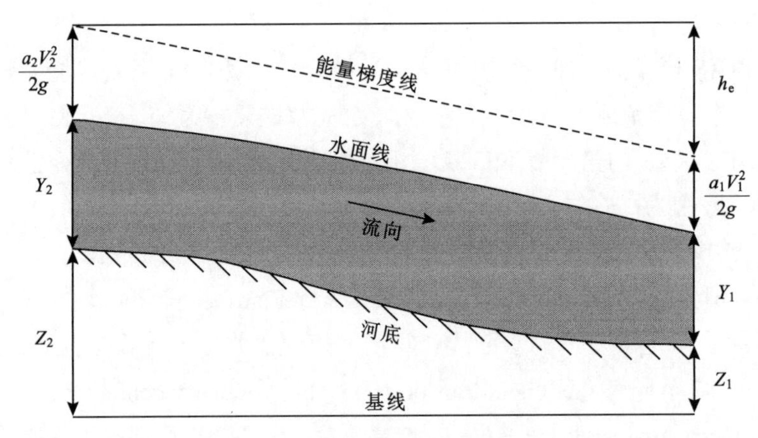

图 6-1　能量方程各要素示意图[255]

断面划分按曼宁方程计算[255]：

$$Q = KS_f^{1/2} \tag{6-3}$$

$$K = \frac{1.486AR^{2/3}}{n} \tag{6-4}$$

$$R = \frac{A}{x} \tag{6-5}$$

式中，Q 为流量；K 为划分的单元；S_f为水力坡度；n 为糙率；A 为过水面积；R 为水力半径；x 为湿周。

糙率 n 的选取，如果在主河道中糙率没有明显的变化，则用单一的 n 值计算。反之，HEC-RAS 将对其分区计算。

HEC-RAS 模型需要的基础资料主要包括几何资料和恒定流资料。几何资料主要包括河道中心线、河岸线、断面数据(横断面编号，每一个地形点的水平和高程坐标，左、右岸的位置)、河段长度、糙率、能量损失系数等。这些几何数据资料有些是在野外考察获得，或者从其他软件的数据格式导入，如 GIS 格式、HEC-2 格式、MIKE11 断面数据格式、UNET 几何数据等。一维恒定流资料包括流态(flow regime)、边界条件(boundary conditions)、洪峰流量信息(peak discharge information)[255]。

2. HEC-RAS 模型的非恒定流计算及模拟流程

天然河道中的水流几乎不存在恒定流，其水流运动要素(如压强、流速、流量、水位等)大都是随时间不断变化的，这种流动被称为非恒定流。在水利工程建设和管理中，河流的洪水涨落过程、溃坝后的泄洪过程、大坝闸门的开启和关闭过程中的水体流动以及城市明渠排水系统中洪水流动等都属于明渠非恒定流的范畴。明渠非恒定流的基本特征是过水断面上的水力要素，如流速(V)、流量(Q)、过水断面面积(A)、水位(Z)或水深(h)等，既是时间的函数，又是流程 S 的函数。对一维明渠非恒定流可表示为

$$V=V(S,t) \tag{6-6}$$

$$A=A(S,t) \tag{6-7}$$

$$Q=Q(S,t) \tag{6-8}$$

$$Z=Z(S,t) \tag{6-9}$$

$$h=h(S,t) \tag{6-10}$$

HEC-RAS 模型基于圣维南(Saint Venant)方程，该方程组是由法国科学家圣维南于 1871 年推导得出，由连续方程和运动方程组成，其表达式如下[255]。

连续方程:

$$B\frac{\partial Z}{\partial t}+\frac{\partial Q}{\partial x}=q \tag{6-11}$$

运动方程:

$$\frac{\partial Q}{\partial t}+\frac{\partial}{\partial x}\left(\frac{\alpha Q^2}{A}\right)+gA\frac{\partial Z}{\partial x}+g\frac{n^2 Q|Q|}{AR^{4/3}}=0 \tag{6-12}$$

式中，Q 为断面流量；Z 为水位；B 为水面宽；q 为旁侧入流量；A 为过水断面面积；R 为水力半径；n 为糙率；α为动量修正系数，一般情况下取值为 1；g 为重力加速度；x 为沿河长的距离变量；t 为时间变量。

由于圣维南方程的复杂性，至今尚无法求出其普遍的解析解，多数情况下只能用数值方法求其数值解。直接差分法是解圣维南方程组这一类偏微分方程的主要手段。

Preissmann 隐式差分格式是普莱士曼(Preissmann)于 1961 年提出的，它是一种四点偏心隐式格式，因此也称四点隐式差分法。如图 6-2 所示，矩形网格中的 M点处于距离步长 ΔS_i 正中，在时间步长 Δt 上偏向未知时刻 j+1，M 点距离已知时刻 j 为 $\theta\Delta t$，距未知时刻 j+1 为(1–θ) Δt。因此，HEC-RAS 模型采用四点隐式有限差分法对连续性方程和运动方程进行求解。

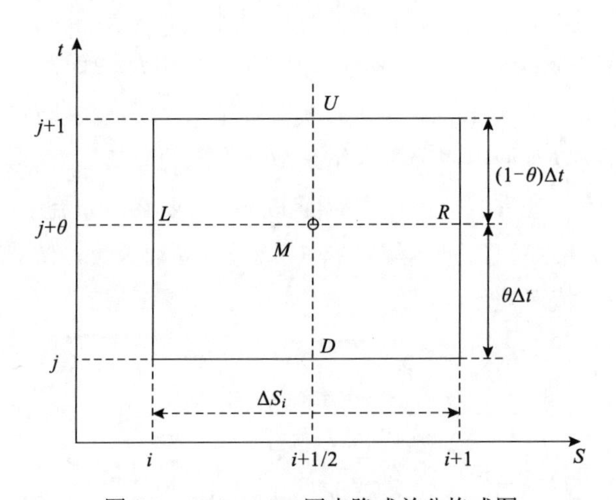

图 6-2　Preissmann 四点隐式差分格式图

据 Preissmann 四点隐式差分格式图，现按线性插值可分别求出 L、R、U、D 四点的函数值，其表达式如下：

$$f_L = f_i^{j+\theta} = \theta f_i^{j+1} + \left(1-\theta\right) f_i^j \tag{6-13}$$

$$f_R = f_{i+1}^{j+\theta} = \theta f_{i+1}^{j+1} + \left(1-\theta\right) f_{i+1}^j \tag{6-14}$$

$$f_U = f_{i+1/2}^{j+1} = \frac{1}{2}\left(f_i^{j+1} + f_{i+1}^{j+1}\right) \tag{6-15}$$

$$f_D = f_{i+1/2}^{j} = \frac{1}{2}\left(f_i^{j} + f_{i+1}^{j}\right) \tag{6-16}$$

由此可得网格偏心 M 点的差商和 M 点的值：

$$
\left.\begin{aligned}
f\,|_M &= \frac{\theta}{2}\left(f_{i+1}^{j+1}+f_i^{j+1}\right)+\frac{1-\theta}{2}\left(f_{i+1}^{j}+f_i^{j}\right)\\
\left.\frac{\partial f}{\partial S}\right|_M &= \frac{\theta\left(f_{i+1}^{j+1}-f_i^{j+1}\right)+(1-\theta)\left(f_{i+1}^{j}-f_i^{j}\right)}{\Delta S_i}\\
\left.\frac{\partial f}{\partial t}\right|_M &= \frac{f_{i+1}^{j+1}+f_i^{j+1}+f_{i+1}^{j}-f_i^{j}}{2\Delta t}
\end{aligned}\right\}
\tag{6-17}
$$

式中，θ 为权重系数，$0\leqslant\theta\leqslant1$；$f$ 为水流参数，如水位、流量、水深、过水断面面积、水面宽等；ΔS_i 为距离步长；Δt 为时间步长；下标为断面位置，上标为时刻。

总体来说，差分方程的求解方式主要分为两步：首先是根据上游边界条件顺次递推，并求取相应的递推系数；然后根据下游边界条件往上游边界回代，并求出各个计算断面的数位之和流量值。

目前 HEC-RAS 模型中对连续性方程和运动方程的求解就是采用普莱士曼提出的四点隐式有限差分法来进行求解。

3. HEC-GeoRAS 模块

HEC-RAS 模型在一维水面线计算与洪水演进模拟方面功能较为强大，但是在使用过程中存在两个局限性。其一是受经济条件的限制，在实际的水工测量时不可能测量河道洪水面线计算所需要的全部数据。因此，当所要计算河流的地形资料缺乏时，尤其是断面数据不足或者断面数据不精确时，会使得模拟结果与实际结果相去甚远。其二是能量损失系数的选取问题，其中最重要的就是糙率的取值问题，该系数直接关系到水面线计算的精确程度。

为了解决上述问题及充分利用地理空间数据，并实现 HEC-RAS 模型的功能最大化，美国环境系统研究所公司(ESRI)和 HEC 联合开发了提供分析空间地理数据功能的 ArcGIS 特定应用程序的扩展模块 HEC-GeoRAS[255]。它既可以嵌套在 ArcGIS 里运行，还能嵌入 SWAT、ArcStorm、ArcGrid 等。原始模块基于 ArcView 3.2，本书使用的 HEC-GeoRAS 10.2 版本基于 ArcGIS 10.2 软件。

该模块是连接 ArcGIS 软件和 HEC-RAS 的纽带，可以进行不同类型数据之间的转换处理。该模块的功能主要分为两大部分：①数据前处理——获取 HEC-RAS 模型水面线计算所需要的地形数据；②数据后处理——将 HEC-RAS 模型的计算结果导入 ArcGIS，利用该模块可以重现淹没水深、淹没范围、流速等信息，实时掌握洪水动态，从而为相关部门制定和实施洪灾应急预案提供科学指导。

HEC-GeoRAS 前期数据处理包括河流中心线图层、断面线图层、水流路径线图层、主槽线图层等[255]，各图层的作用见表 6-1。在模型中研究者按照自己的研究需求有选择地概化图层，一般情况下都要求包括河流中心线、断面线、水流路径线、主槽线等基础几何资料，为 HEC-RAS 模拟做好前期的准备工作。把 GIS 导出的处理数据导入 HEC-RAS 模型中，建构包括河网形状、河流走向、河道断面等河网中基本几何属性参数。

表 6-1　HEC-RAS 模型各图层作用

图层名	作用
河流中心线	表示研究区域实际的河网位置、走向
断面线	表示断面的位置、范围
水流路径线	计算相邻断面距离
主槽线	将主槽从整个断面中分离

由此，HEC-RAS 模型耦合 HEC-GeoRAS 模块模拟恒定流水面线流程见图 6-3，对模拟非恒定流洪水演进流程见图 6-4。

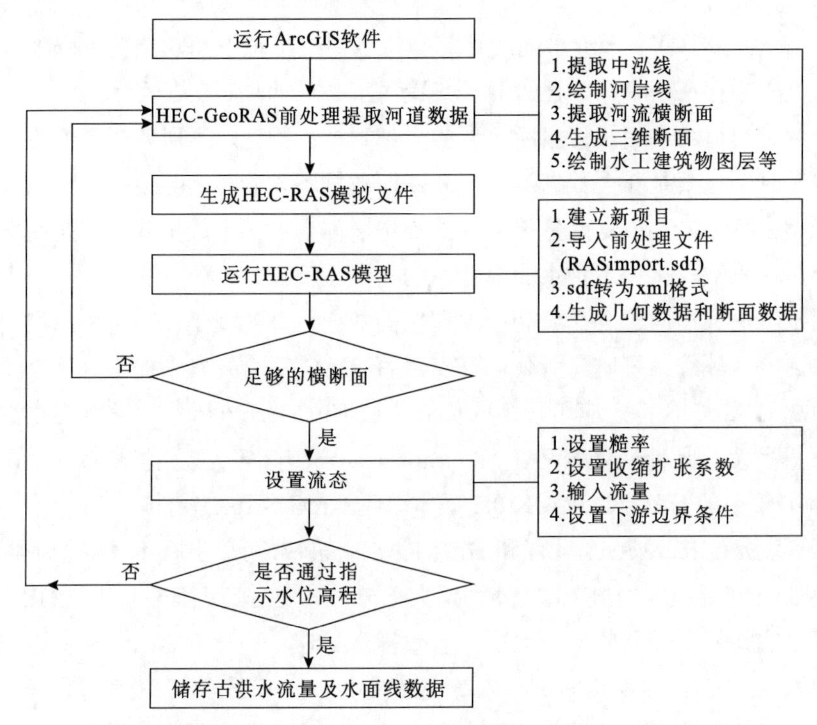

图 6-3　HEC-RAS 模型耦合 HEC-GeoRAS 模块模拟恒定流水面线流程图

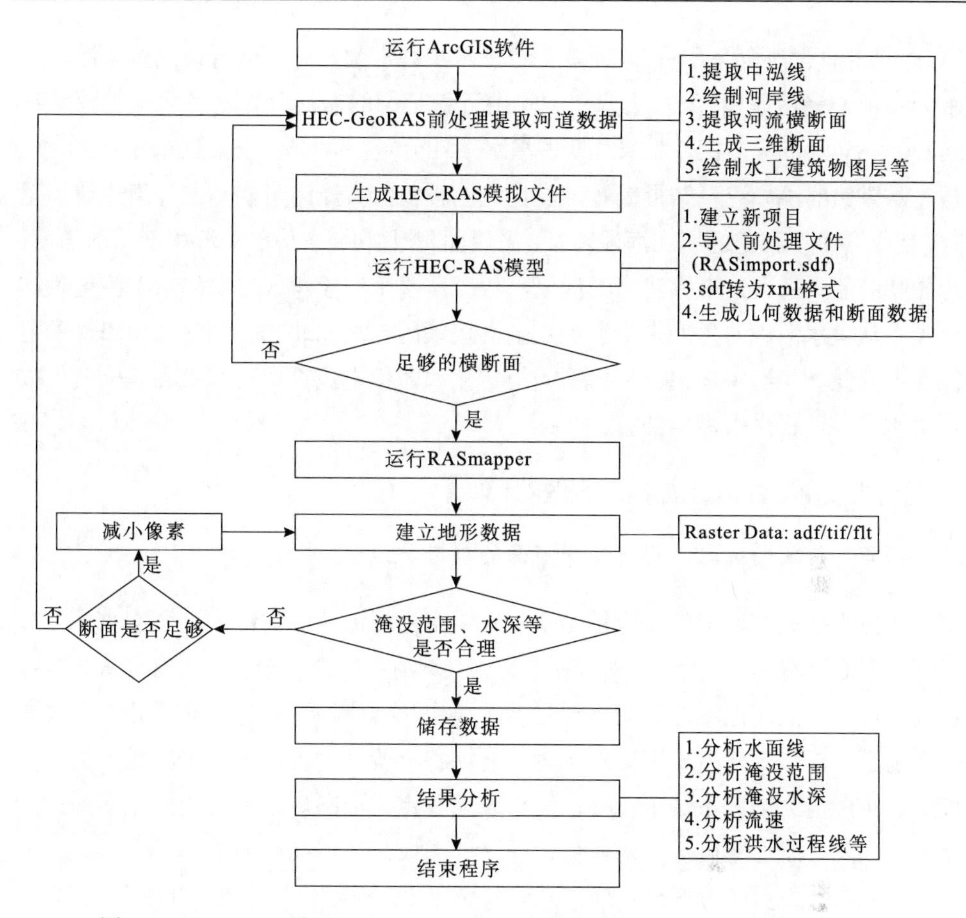

图 6-4　HEC-RAS 模型耦合 HEC-GeoRAS 模块模拟非恒定流洪水演进流程图

6.2　历史古洪水事件模拟计算研究

第 5 章考证研究汉江上游沉积记录的东汉和北宋时期古洪水事件结果表明，汉江上游 LJT 剖面、XTC-B 剖面、TJZ 剖面、LJZ 剖面、QF-B 剖面和 LWD-A 剖面 6 个沉积剖面上部的古洪水 SWD，可能记录了东汉建安二年(197 年)九月的一次特大洪水事件；LSC-B 剖面、YJP 剖面、SJH 剖面、GXHK 剖面和 MTS 剖面 5 个沉积剖面上部古洪水 SWD，可能记录了北宋时期太平兴国七年(982 年)六月的一次特大洪水事件。那么依据记录东汉古洪水事件的 6 个剖面古洪水 SWD、北宋古洪水事件的 5 个剖面古洪 SWD 重建的洪峰流量应该一致或相差较少。

学者[78-82,98-108]结合各研究剖面所在位置的地质、地貌特点，均采用“古洪水

SWD 厚度与含沙量关系法”，恢复了古洪水洪峰水位，并选取合适的过水断面和水力参数，采用面积-比降法分别重建出沉积记录的东汉时期古洪水事件流量在 58450～65420m^3/s 之间，北宋时期古洪水事件流量在 47400～64270m^3/s 之间。但是，从重建的洪峰流量结果来看，变化范围较大，其原因可能是在计算洪峰流量时，依据各个沉积剖面所在河段特征，采用面积-比降法，从单个沉积剖面的角度，选择相应的水文参数来重建洪峰流量，较少从整个河段考虑一次洪水发生过程，也没有从洪水演进的角度来验证沉积剖面记录的东汉和北宋时期古洪水事件的可能性。为此，采用 HEC-RAS 模型的恒定流和非恒定流模块对东汉和北宋时期的古洪水事件进行洪水模拟计算。

1. 历史古洪水事件恒定流水面线模拟计算

1) *研究河段的选取以及河流横断面的确定*

古洪水研究中河道的稳定性是恢复古洪水洪峰流量的关键。沈玉昌[213]、朱震达[256]在 20 世纪 50 年代，详细考察了汉江流域河谷的地质地貌，指出自从喜马拉雅运动以来，汉江流域的地貌格局已基本奠定，地质构造稳定，此后并无较大变化。而且，汉江上游自安康段以下为基岩峡谷河段，为古老变质岩河槽，岩性硬度大、抗蚀能力强，下蚀不明显，河槽长期稳定，形态规则；河流两岸多为古生代岩石出露，岩性坚硬，受两岸低山丘陵的约束，河道横向摆动。

此外，野外实地考察也发现，记录东汉和北宋时期古洪水 SWD 的黄土-古土壤剖面，集中分布在湖北省郧西县至郧阳区之间的基岩峡谷河段(图 4-1 虚线框内)，从河流地貌学和水文学角度来看，该段河槽没有明显的下切和淤积，河宽大致相近，断面变化小，已经发育形成均衡断面，水流状态也非常稳定，适合开展古洪水水文学研究。

经实地考察，依据沉积剖面的空间分布状况和集中性，发现记录东汉古洪水事件的 TJZ 剖面、LJZ 剖面、QF-B 剖面和 LWD-A 剖面集中分布于郧阳李家咀-郧西辽瓦店河段 50km 的汉江干流河道中，由此选取这一河段来进行东汉时期古洪水事件模拟计算；同时，记录北宋古洪水事件的 YJP 剖面、SJH 剖面、GXHK 剖面和 MTS 剖面集中分布于郧阳晏家棚-弥陀寺河段 19km 的汉江干流河道中，因此，选取这一河段进行北宋时期古洪水事件模拟计算。由图 4-1 可见，选取的东汉时期古洪水事件流量的研究河段包括了北宋时期古洪水事件的研究河段。

对于河流横断面的确定，首先采用 ArcGIS 软件中 HEC-GeoRAS 模块对研究河段的地形数据进行了提取，具体步骤如下。

(1) 将收集到的汉江上游研究河段内的高分辨率 DEM 数据、河流等高线地图，以及高分辨率谷歌卫星影像图等添加到 ArcGIS 软件中，地图数据的地理坐标系统设置为西安 80 坐标系；将地图的投影坐标系统设置为高斯-克吕格 3°分带投影，中央经线为 111°E。

(2) 对收集到的河流等高线地形图(1∶10000)进行矢量化，结合 DEM 高程地形模型，生成汉江上游东汉和北宋古洪水事件研究河段的三维模型，即河道不规则三角网(TIN 数据)。

(3) 在 ArcGIS 工具栏中启动 3D Analyst、Geostatistal Analyst、Spatial Analyst 和编辑器等工具，然后建立一个数据框并用英文名保存，如 Donghan/Beisong flood routing；在 HEC-GeoRAS 模块下分别建立各数据图层，然后提取河道中泓线、河岸线、左右河道汇流路径、断面线等地形数据，并设置图层的属性(图 6-5、图 6-6)。

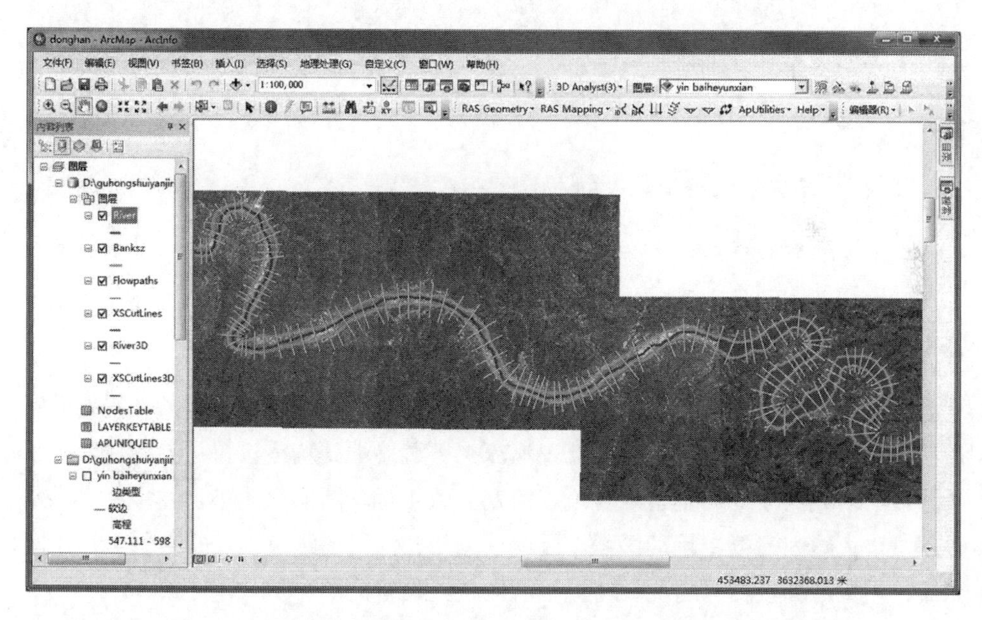

图 6-5　汉江上游东汉郧阳李家咀-郧西辽瓦店河段横断面分布图

(4) 根据野外考察中获得的各个研究剖面所在河流断面的实测数据，对 ArcGIS 软件中提取的研究河段地形数据进行校正，删除一些不合理的断面数据。最终在模拟计算东汉时期古洪水事件的郧阳李家咀-郧西辽瓦店 50km 的河段，共提取 223 个河槽断面数据(图 6-5)，在模拟计算北宋时期古洪水事件的郧阳晏家棚-弥陀寺 19km 的河段，共提取 50 个河流断面(图 6-6)。

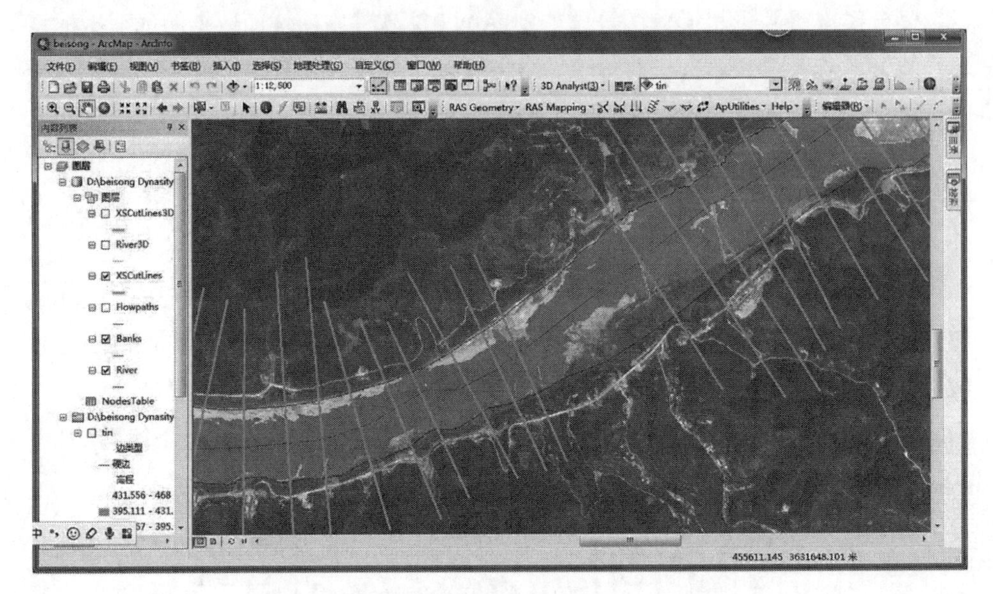

图 6-6　汉江上游郧阳晏家棚-弥陀寺河段横断面分布图

(5)将 GIS 提取的地形数据导入 HEC-RAS 模型中。

2)水文参数的确定

(1)边界条件。采用 HEC-RAS 模型的恒定流模块对东汉和北宋时期的古洪水事件进行水文模拟计算时，需要设定边界条件。对于边界条件的设定，当流态为缓流时，只需要在河流下游端点处设置边界条件；若是急流，边界条件需要设置在河流上游端点处；流态为混合流，河流上下游终端处均需设置边界条件。由于所选取的研究河段均为基岩峡谷段，河宽大致相近，断面变化小，发生特大洪水时，洪水束缚在河槽中运动缓慢，因此认为研究河段的水流运动符合一维恒定渐变流，设定边界条件只需要在河流下游端点处设置。

HEC-RAS 模型中边界条件的设定有临界水深(critical depth)、正常水深(normal depth)、水面高程(known water surface elevations)和水位-流量关系曲线(rating curve)等 4 种。若选择临界水深作为边界条件，模型会把自动计算的每一个断面临界水深设定为边界条件；若选择正常水深作为边界条件，则需要输入一个能量坡度(energy slope)来计算河槽断面的正常水深；若选择水面高程作为边界条件，那么就需要在模型中输入计算水面线的已知水面高程，而临界水深不需要输入任何信息；水位-流量关系曲线则要求输入实测水文数据的水位-流量关系。

对沉积记录的东汉和北宋时期古洪水事件进行模拟计算，边界条件的设定选用正常水深，即能量坡度。由于在水文模拟计算中，能量比降可以很好地用河床比降或水面比降反映，这里的边界条件，即能量坡度用河床比降代替。

通过测量，在选取的东汉古洪水事件模拟计算 50km 研究河段上，河床高差 23m，因此河床平均比降为 3.1‰；同理，在选取的北宋时期古洪水事件模拟计算 19km 研究河段长，河床高差 12m，河床平均比降为 0.6‰。由此，HEC-RAS 模型中设定的边界条件分别为 3.1‰、0.6‰。

(2) 糙率。河道糙率是衡量河床及边壁形状不规则和粗糙程度(河床表面河床质颗粒大小、植被类型、断面形态、含沙量、水力半径等众多因素)对水流阻力影响的一个综合性系数，是通过水动力学方法，研究和模拟明渠一维水流运动的重要参数之一，其取值的合理性直接关系到水位和流量计算的精确性以及洪水演进模拟过程的可靠性[103]。因此有必要进行糙率的灵敏性分析，以减少由于糙率参数取值不当而产生的计算误差。

这里采用摩尔斯筛选法来评估糙率的变化对模拟结果的影响。分析过程中，保持其他参数不变，把糙率作为变量分别对糙率值做±10%、±20%、±30%处理，其表达式为

$$S^* = \sum_{i=0}^{N-1} \frac{1}{N-1} \frac{\left(y_{i+1} - y_i\right) / y_0}{\left(P_{i+1} - P_i\right) / 100} \tag{6-18}$$

式中，S^*为灵敏度判别因子；N 为模型运行次数；y_i、y_{i+1} 分别为模型第 i、第 i+1 次运行控制断面的水位值；y_0 为参数率定后计算的水位初值；P_i、P_{i+1} 分别为第 i、第 i+1 次模型运算参数值相对于率定之后初始参数值变化百分率。

通过对汉江上游东汉和北宋时期古洪水水面线的多次反复试算，根据研究河段断面的模拟结果，计算得到模拟东汉和北宋时期古洪水事件流量时的灵敏度判别因子分别为 S^*=1.03 和 S^*=1.14。根据 S^*的等级划分可知，S^*的绝对值大于等于 1 时，为高灵敏度参数，说明选取合适的糙率会直接影响到水文模拟计算结果的可靠性。

根据考察记录，研究河段两岸阶地保存相对完整，均长有杂草，高处长有攀岩灌木和树木。参照我国水利水电工程设计中天然河道糙率的取值标准[257]，并结

合前人对部分河段的糙率核定结果[103]，最终确定东汉和北宋时期古洪水研究河段主河槽糙率取 n=0.030；考虑到河岸缓坡较陡坡植被茂盛，故缓坡取 n=0.055、陡坡取 n=0.050，并根据考察记录的实际情况进行适当调整，调整幅度一般小于0.005。

(3) 收缩扩张系数。河道断面形态的突变或河流弯曲会导致水面线发生变化，影响到河流沿程能量损失，因此需要设置收缩或扩张系数以保证计算结果的稳定性。依据 HEC-RAS 模型水文参考手册[258](表 6-2)，当速度水头沿下游方向增加时，使用收缩系数，反之则用扩张系数。由于研究河段河槽断面沿程是逐渐变化的，参照表 6-2，在 HEC-RAS 模型中，东汉和北宋时期古洪水事件模拟计算的断面形态渐变收缩系数、扩张系数分别设置为 0.1、0.3。

表 6-2　河流断面收缩或扩张系数情况及参考值[258]

断面形态	收缩系数	扩张系数
断面形态变化不大	0	0
断面形态渐变	0.1	0.3
典型桥梁断面	0.3	0.5
断面形态突变	0.6	0.8

(4) 设置流态并执行水力计算。在水文参数设置完之后，最后设置古洪水流态。根据前人研究成果[258]，天然河道和人工河渠中的水流大多为缓流流态。因此设置汉江上游东汉和北宋时期古洪水流态为缓流，然后在 Steady Flow Analysis 窗口中执行水力计算。

3) 汉江上游沉积记录的历史古洪水水面线模拟计算结果

根据确定的河流横断面和水文参数，运用 HEC-RAS 模型的一维恒定流模拟计算洪峰流量和水面线时，需要在研究河段上游入流断面输入流量数据。

分别选取汉江上游含有东汉和北宋时期古洪水事件的 LJZ 剖面、YJP 剖面上游作为入流边界条件，并在 Steady Flow Data 选项下输入流量数据进行东汉和北宋时期古洪水事件的流量反演。通过对模型的反复试算，直到各剖面的模拟水位与调查水位达到最佳吻合，此时的洪峰流量即古洪水事件的最佳洪峰流量值。由此得到东汉和北宋时期古洪水事件的洪峰流量分别为 60800m^3/s 和 57500m^3/s。

由表 6-3 可知，对于含有东汉时期古洪水事件的 LJZ 剖面、TJZ 剖面、QF-B 剖面和 LWD-A 剖面，采用 HEC-RAS 水文模型模拟的洪水位分别是 186.03m、185.16m、168.20m 和 159.92m，与采用“古洪水 SWD 厚度与含沙量关系法”恢复洪水位相比，误差在–0.18%～0.25%之间。

表 6-3　汉江上游东汉时期古洪水 SWD 恢复水位与 HEC-RAS 模拟水位对比

剖面	古洪水 SWD 恢复洪水位/m	HEC-RAS 水文模型模拟洪水位/m	误差/%
LJZ	185.8	186.03	0.12
TJZ	184.7	185.16	0.25
QF-B	168.5	168.20	–0.18
LWD-A	159.8	159.92	0.08

而且，从图 6-7 中可见，采用 HEC-RAS 水文模型，模拟出的东汉时期古洪水事件水面线分布符合洪水演进过程，这一方面这说明基于 HEC-RAS 模型模拟计算的汉江上游东汉时期古洪水事件流量是合理的；另一方面表明汉江上游 LJZ

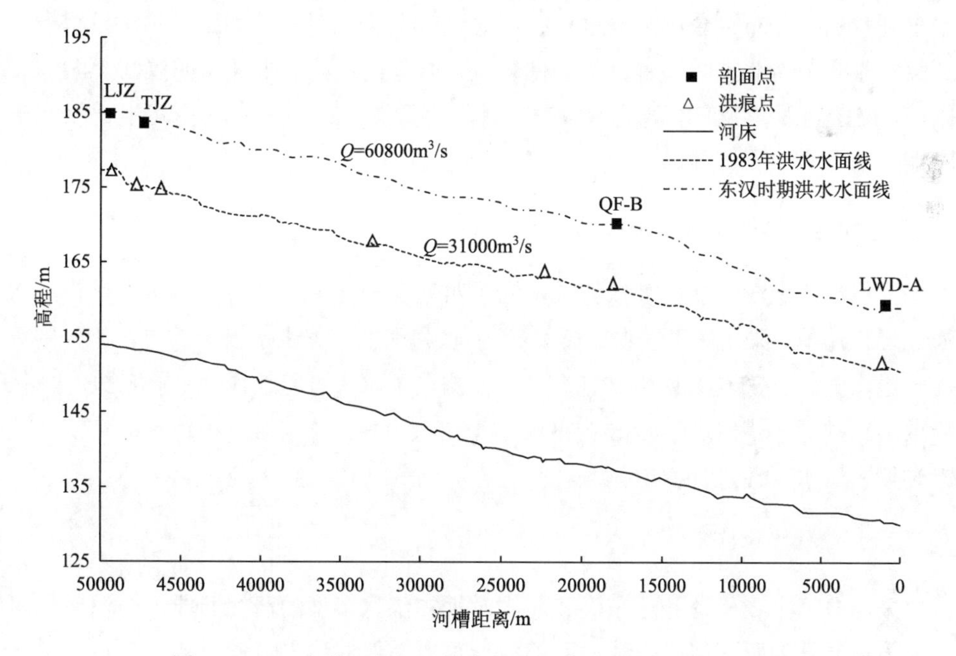

图 6-7　汉江上游沉积记录的东汉时期古洪水水面线模拟结果

剖面、TJZ 剖面、QF-B 剖面和 LWD-A 剖面上部的古洪水 SWD 极有可能记录东汉时期一次特大洪水事件。

同时，由表 6-4 可知，对于含有北宋时期古洪水事件的 YJP 剖面、SJH 剖面、GXHK 剖面和 MTS 剖面，采用 HEC-RAS 水文模型模拟的洪水位分别是 178.10m、176.86m、170.55m 和 169.18m，与采用“古洪水 SWD 厚度与含沙量关系法”恢复洪水位相比，误差在–0.31%～0.34%之间。

表 6-4　汉江上游北宋时期古洪水 SWD 恢复水位与 HEC-RAS 模拟水位对比

剖面	古洪水 SWD 恢复洪水位/m	HEC-RAS 水文模型模拟洪水位/m	误差/%
YJP	177.5	178.10	0.34
SJH	177.1	176.86	–0.14
GXHK	170.2	170.55	0.21
MTS	169.7	169.18	–0.31

而且，从图 6-8 中可见，采用 HEC-RAS 水文模型，模拟出的北宋时期古洪水事件水面线分布符合洪水演进过程，这一方面这说明基于 HEC-RAS 模型模拟计算的汉江上游北宋时期古洪水事件流量是合理的；另一方面说明汉江上游 YJP 剖面、SJH 剖面、GXHK 剖面和 MTS 剖面上部的古洪水 SWD 极有可能记录北宋时期一次特大洪水事件。

2. 历史古洪水事件非恒定流模拟计算

根据汉江上游的暴雨洪水特性，为了对东汉和北宋时期古洪水事件进行洪水演进过程模拟，采用《工程水文学》[259]中水利水电工程洪水设计的方法，分别选用安康水文站1983年8月和2010年7月实测典型洪水过程线，按照同倍比放大(按峰放大)原则，采用 HEC-RAS 模型的非恒定流模块，分别对沉积记录的东汉和北宋时期古洪水事件进行模拟计算。

1) 水文参数的确定

采用非恒定流模拟计算东汉和北宋时期古洪水事件的研究河段，与恒定流水面线模拟计算的研究河段一致，而模拟计算所需要的边界条件，初始条件，糙率和收缩、扩张系数等水文参数在研究河段要重新设置。

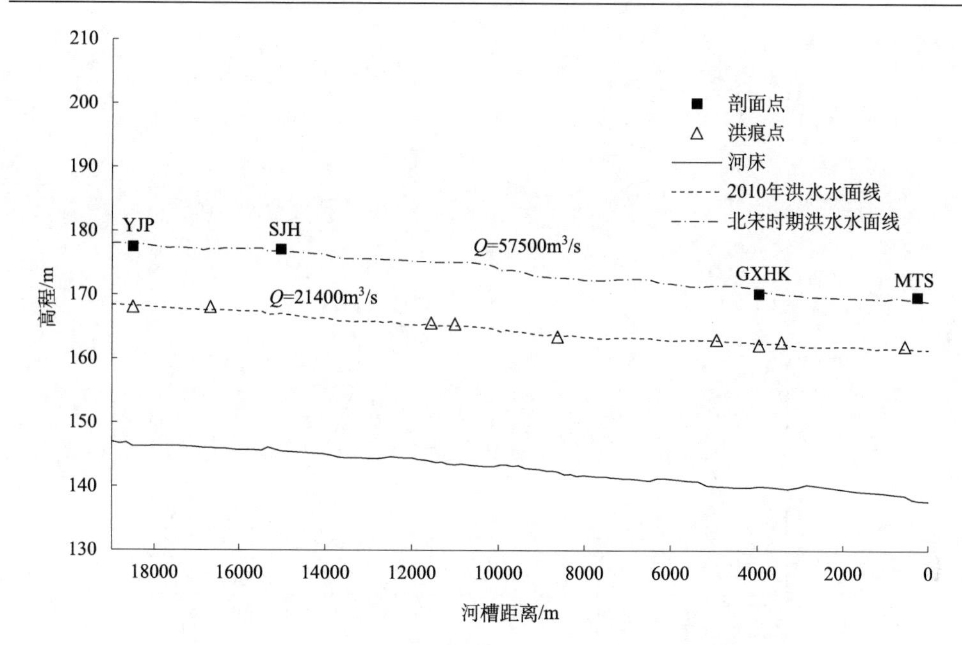

图 6-8　汉江上游沉积记录的北宋时期古洪水水面线模拟结果

(1)边界条件。在 HEC-RAS 模型的非恒定流模拟计算模块中，对研究河段的下游和上游开口处，都需要设置下游和上游边界条件。

HEC-RAS 上游边界可选用 3 种边界类型：水位过程线(stage hydrograph)、流量过程线(flow hydrograph)、水位-流量过程线(stage-flow hydrograph)。在对东汉和北宋时期古洪水事件的非恒定流模拟计算中，选取流量过程线作为上游边界条件。按照东汉和北宋时期古洪水事件模拟选取的河段，以对安康水文站 1983 年 8 月洪水流量过程线同倍比放大求得的流量过程线(图 6-9)，作为记录东汉时期古洪水事件的 LJZ 剖面附近的上游边界条件；以对白河水文站 2010 年 7 月洪水流量过程线同倍比放大求得流量过程线(图 6-10)，作为记录北宋时期古洪水事件的 LJP 剖面附近的上游边界条件。

HEC-RAS 模型非恒定流模块的下游边界条件共有 5 种类型：水位过程线、流量过程线、水位-流量过程线、水位-流量关系曲线(rating curve)、正常水深(normal depth)。与恒定流水面线模拟一样，这里采用正常水深作为下游边界条件，以河床比降代替。按照东汉和北宋时期古洪水事件模拟选取的河段，以 LWD-A 剖面附近的河床比降作为模拟东汉时期古洪水事件的下游边界条件，以 MTS 剖面附近的河床比降作为模拟北宋时期古洪水事件的下游边界条件。在 Unsteady Flow Data 窗口中分别设置东汉和北宋时期古洪水的下游边界条件(图 6-11、图 6-12)。

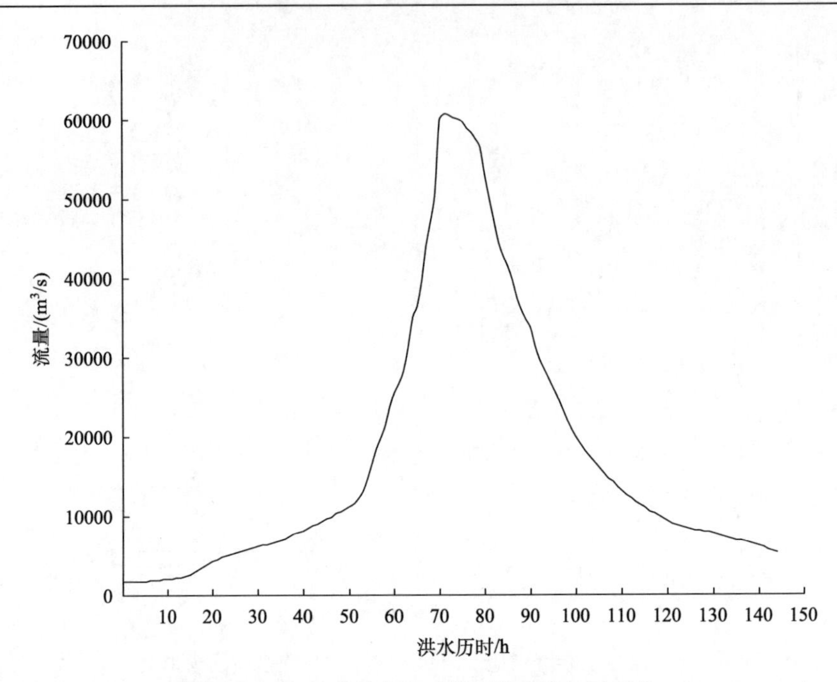

图 6-9　汉江上游东汉时期古洪水流量过程线

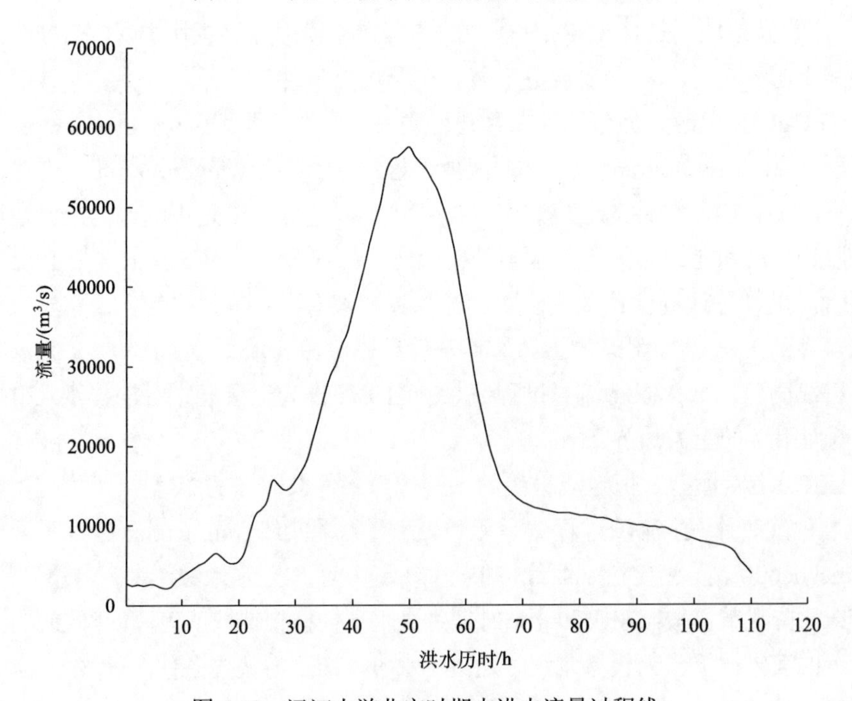

图 6-10　汉江上游北宋时期古洪水流量过程线

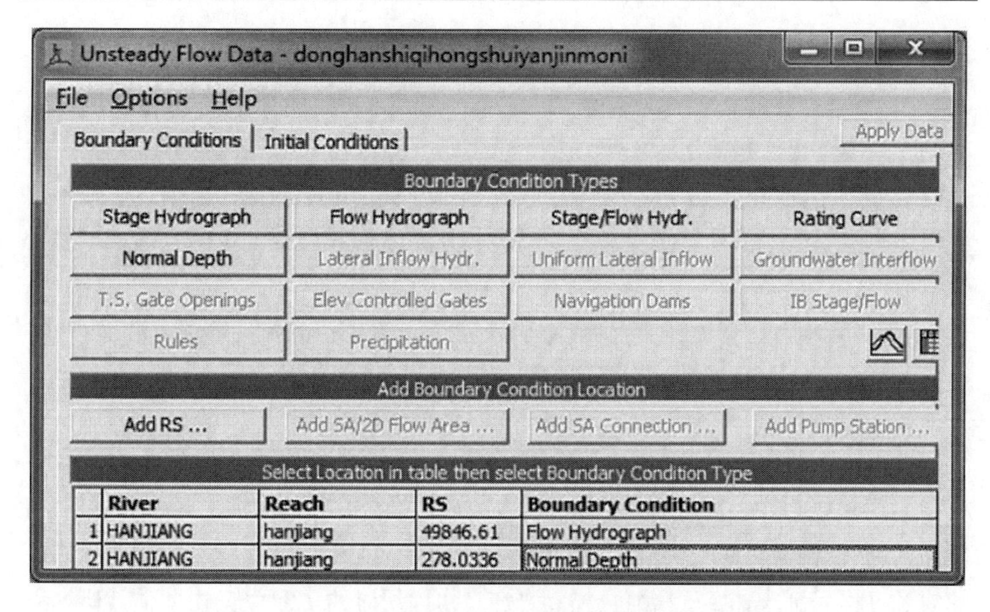

图 6-11　汉江上游东汉时期古洪水演进模拟边界条件设置

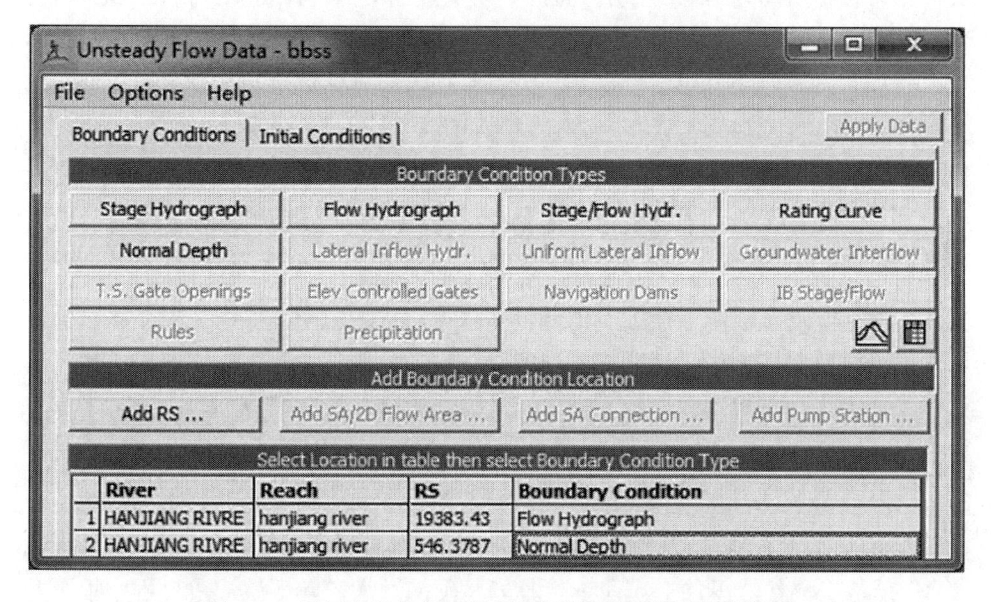

图 6-12　汉江上游北宋时期古洪水演进模拟边界条件设置

(2)初始条件。为了确保 HEC-RAS 模型的平稳运行，非恒定流模拟需要设置初始条件。初始条件包括每一个断面的流量和水位信息，以及系统中定义的所有蓄水区域的水面高程。根据汉江上游水情，按照东汉和北宋时期古洪水事件模拟选取的河段，以白河水文站多年平均流量数据(847m^3/s)[260]作为初始条件。

(3)糙率和收缩、扩张系数设置。通过对研究河段河槽糙率的灵敏性检验，根据实地考察记录和我国天然河道糙率的取值标准，参照恒定流水面线计算中糙率的取值作为 HEC-RAS 模型的非恒定流模拟计算的糙率取值；收缩、扩张系数的取值也参照恒定流计算东汉和北宋时期古洪水水面线模拟计算的收缩、扩张系数取值。

(4)执行水力计算。在设置完以上参数之后，在 Unsteady Flow Analysis 窗口中，对东汉和北宋时期古洪水进行演进模拟计算。

2)东汉和北宋时期古洪水非恒定流模拟计算结果

由图6-13可知，汉江上游东汉时期古洪水从上游LJZ剖面演进到下游LWD-A剖面，其洪峰传播时间约为3h。以2010年7月18日在汉江上游洪水(Q=21400m^3/s)的演进过程为例，洪峰从白河传播到丹江口水库历时约12h[239]，由此估计研究河段内洪峰传播时间为4.5h左右，且经走访调查当地的村民得知，汉江上游1983年8月洪水(Q=31000m^3/s)在研究河段内的洪峰传播时间约为4h。据此推断，对东汉时期古洪水的演进模拟过程是科学、合理的。对比东汉时期古洪水事件在4个剖面处的流量过程线与水位过程线可知(图6-13)，汉江上游郧西、郧阳段河道调蓄能力较差，对于特大洪水的削峰作用不显著。经计算，洪水从上游LJZ剖面演进到下游LWD-A剖面，其洪峰流量仅削减1.43%，这也符合汉江上游的洪水传播特性[261]。

对东汉时期古洪水的淹没范围模拟结果可知(图6-14)，汉江上游东汉时期古洪水的淹没范围主要为汉江两岸的河谷，这是由于研究河段为基岩峡谷河槽，洪水在河道中很少发生渗漏和跑滩现象。从模拟的淹没水深来看(图6-14)，研究河段上游水深大于下游水深，LJZ剖面和TJZ剖面附近河段洪水水深一般介于33～37m之间，最大水深可达40m；下游QF-B剖面和LWD-A剖面附近河段水深在30～35m之间。根据野外实地调查发现，研究河段河道断面形态多为“V”形或“U”形基岩峡谷，再加上河段下伏基岩坚硬，洪水在向下游演进过程中很少发生渗漏和漫溢现象，因此河道调蓄削峰作用微弱，这也是汉江上游极易形成特大洪水的重要原因之一。

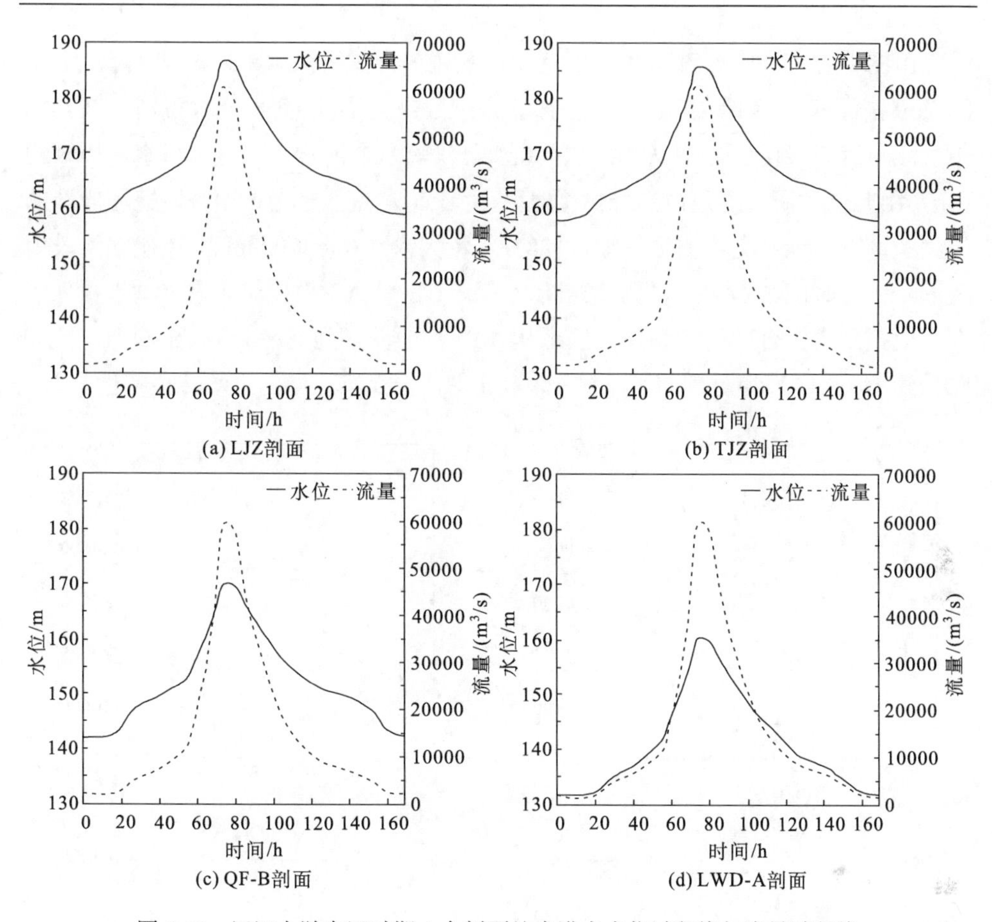

图 6-13　汉江上游东汉时期 4 个剖面处古洪水水位过程线与流量过程线

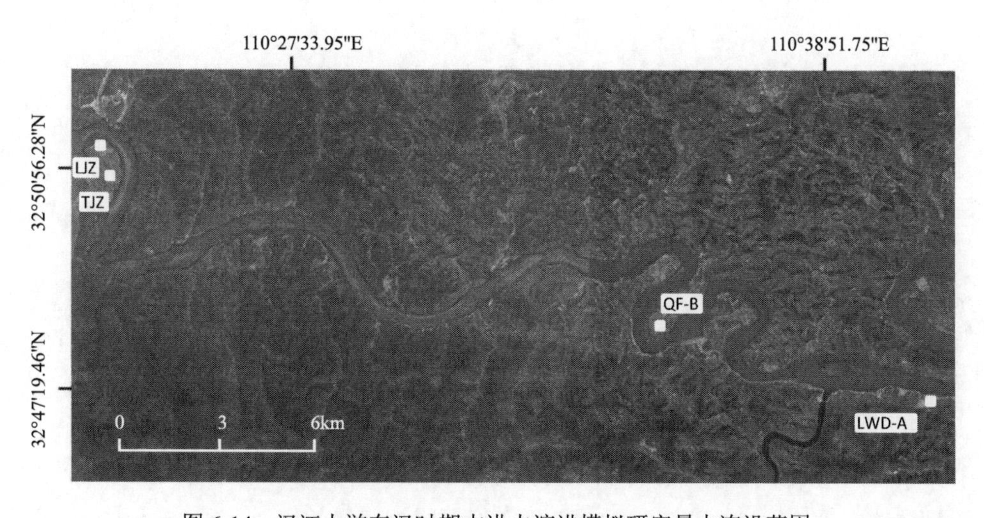

图 6-14　汉江上游东汉时期古洪水演进模拟研究最大淹没范围

由图 6-15 可知，汉江上游地层沉积记录中的北宋古洪水事件，其洪峰从上游的 YJP 剖面演进到下游的 MTS 剖面共历时 1.15h 左右。经查阅相关资料[239]，2010 年汉江上游 7 月 18 日洪水(Q=21400m^3/s)洪峰从白河传播到丹江口水库历时约 12h，由此估计研究河段内洪峰传播时间为 1.5h 左右；经走访调查研究河段内的村民及调查当地水文监测站得知，1983 年特大洪水(Q=31000m^3/s)在研究河段内其洪峰传播时间约为 1.3h，据此判断，基于 HEC-RAS 模型对北宋古洪水事件的演进模拟是较为合理的。此外，洪水从 YJP 剖面演进到下游的 MTS 剖面，洪峰在长约 19km 的河道上削减了不到 1%，这也符合汉江上游的洪水传播特性[261]。

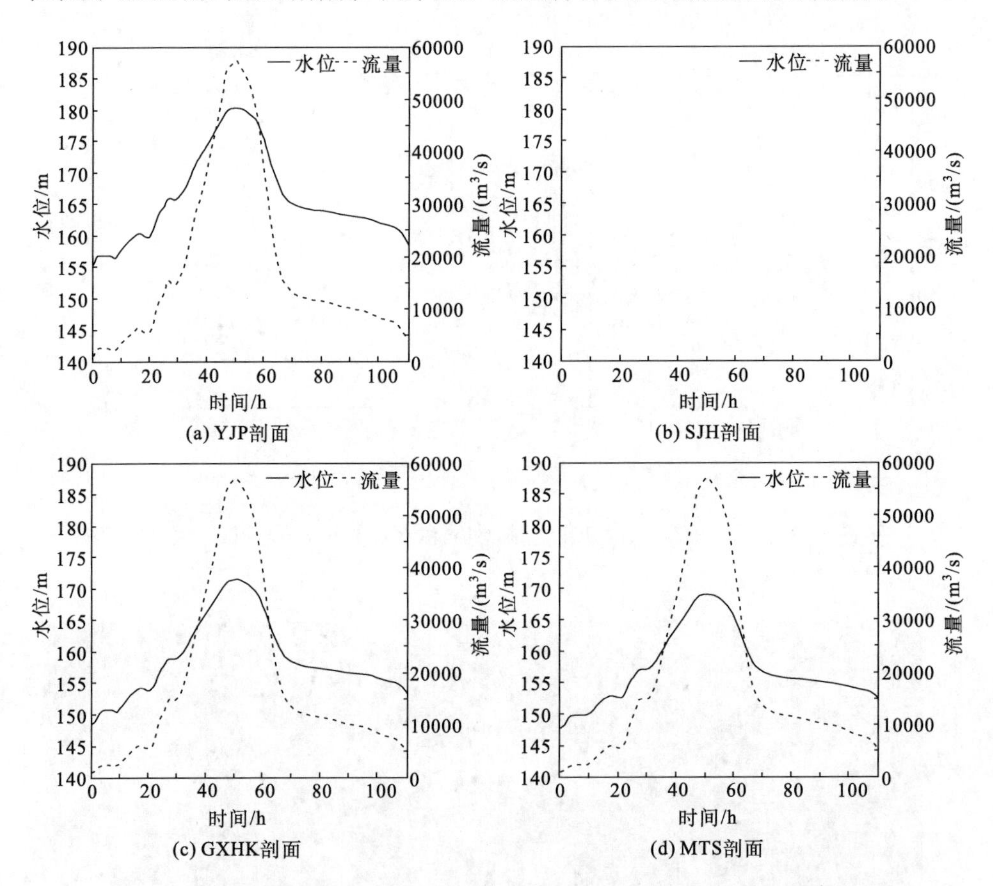

图 6-15　汉江上游北宋时期 4 个沉积剖面处古洪水水位过程线与流量过程线

而且，由图 6-16 可知，汉江上游北宋时期古洪水上游水深较下游要深，YJP 和 SJH 剖面附近河段古洪水水深介于 30～32m 之间；下游 GXHK 和 MTS 剖面附近河段水深在 25～30m 之间；YJP 和 SJH 剖面附近河段的流速介于 3～6m/s 之间，下游河段流速为 6～9m/s。经研究，河段上游洪水流速较小，从而导致上游部分河段壅水，致使水位抬高，水深增加。洪水除了在支流沟口处发生少量外溢和跑滩现象之外，其余河段古洪水依然在峡谷河道中向下游演进；再加上汉江上游植被茂密、河道曲折，洪水不能迅速下泄，势必会抬高水位，这也是汉江上游易形成特大洪水的重要原因之一。

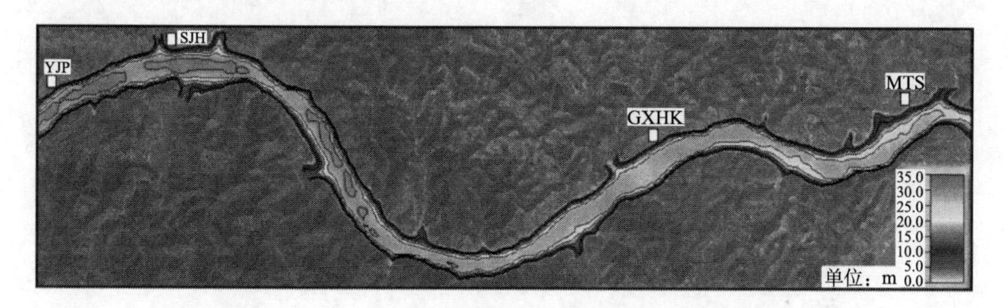

图 6-16　汉江上游北宋时期古洪水演进模拟水深分布图

6.3　历史古洪水事件水文模拟参数验证

1. 汉江上游暴雨特征分析

人们在生产、生活中，通常把危害人们生命财产安全，威胁工农业生产、交通设施和基础设施的暴雨称为“致灾暴雨”。我国在气象学上，一般将某地日降水量≥50mm 的降水称为暴雨。据此定义，1976～2005 年间汉江上游流域发生致灾暴雨共计 49 次，由暴雨引发的灾害平均 1.6 次/年，2000 年为极值，高达 6 次[261]。

1）汉江上游导致暴雨洪水灾害的天气环流形式

汉江上游暴雨的发生与当时天气形势和天气系统密切相关。李文浩[22]分析指出，汉江上游的暴雨洪水有明显的时间分布规律，暴雨发生的时间不早于 4 月，不晚于 10 月，一般集中在 7、8、9 三个月，这与汉江上游暴雨导致的洪水灾害发生时间具有完全的一致性。第 3 章中对历史文献记载中的汉江上游洪水灾害时间特征分析，也得出洪水灾害集中发生在 7、8、9 三个月。

通过对汉江上游历史年份致灾暴雨洪水的天气学分析[262]，发现导致暴雨洪水灾害的大气环流形式主要为三种类型，分别为西南气流型、低槽型和低涡切变型。统计分析 1976～2005 年汉江上游致灾暴雨天气学模型数据来看[262]（表 6-5），低涡切变型大气环流形式是造成汉江上游暴雨洪水的主要环流形式，主要形成于局地中、暴雨天气，在49场致灾暴雨中发生40次，占致灾暴雨洪水总次数的81.6%；西南气流型和低槽型各发生2次、7次，占致灾暴雨洪水总次数的4%和14.3%。

表6-5　1976～2005年汉江上游致灾暴雨天气学模型统计

分型	西南气流型	低槽型	低涡切变型	合计	占比/%
连阴雨中暴雨	—	—	32	32	65
突发性局地暴雨	2	4	6	12	24.5
上下游暴雨洪水叠加	—	3	2	5	10.2
合计	2	7	40	49	—
占比/%	4	14.3	81.6	—	—

2）暴雨特性分析

西南气流型、低槽型、低涡切变型这三种天气环流形式类型[262]，决定了汉江上游暴雨的时空分布特征。

从时间上来看，冬季汉江上游受蒙古、西伯利亚高压的控制，虽有秦岭山脉的阻挡，但强大的西北气流亦能影响汉江上游地区，此时汉江上游流域普遍降温，降水较少。

伴随着春季西太平洋副高势力的增强，以及孟加拉湾低槽的建立，西北气流的势力渐渐削减，此后，汉江上游的降水才逐渐增多。

夏季西太平洋副高势力不断增强，印度洋水汽经藏、滇、川进入汉江上游地区。与此同时，西太平洋副高势力“西伸北跳”，汉江上游正处在副高势力的西南边缘，太平洋东南暖湿气流也被输送到该地上空，加上汉江上游“两山夹一川”的独特地貌格局，使得流域内多暴雨天气。

秋季，蒙古、西伯利亚的大气势力增强，冷空气频繁南下，然而此时西南气流和东南气流尚未减弱，加之受地形的影响，两种不同性质的气团在汉江上游上空实力相当，形成“拉锯战”，气流的扰动使汉江上游秋季形成暴雨天气和大面积的阴雨天气[22]。总体来看，汉江上游的暴雨天气多出现在6～9月，最早出现在4月，最晚出现在10月，但主要集中于7、8、9三个月。

从暴雨的空间分布来看，汉江上游暴雨的总体分布特征为上游河段大于下游河段、江南大于江北、山区大于平原。汉江上游存在三大暴雨中心，分别为米仓山区、大巴山区和北部的秦岭山区。

(1)米仓山区。米仓山区西起宁强，东到镇巴，山脉呈东西走向，是汉江上游的南部界线，也是来自印度洋的暖湿气流到达汉江上游的第一屏障。山脉起伏大，呈锯齿状，局地小气候影响较强。据多年实测降水数据[22]，米仓山西端的宁强县铁锁关日最大降水量为 241.6mm，东端镇巴县的鱼渡坝日最大降水为 345.6mm，均为大暴雨或特大暴雨。在 24h 雨量等值线图上，米仓山区东、西的宁强县与镇巴县形成了两个明显的暴雨中心，均值大于 100mm，南郑县冷水河上游多年平均降水量为 1500～1700mm，而安康境内的付家河上游多年平均降水量仅为 800～900mm[263]。年最大 24h 雨量的变差系数在 0.45～0.70 之间，3 日平均降雨量在 135～160mm 之间，7 日平均降水量在 180～200mm 之间[22]。据此可见，米仓山区是汉江上游流域的主要暴雨区间，是汉江上游洪水的主要源地。

(2)大巴山区。大巴山区位于米仓山区以东，西起镇巴，东到镇平，该区年最大 24h 降水量为 169.8mm，均值在 90mm 左右，略小于米仓山区，年最大 24h 变差系数在 0.40～0.50 之间。历史记录连续降水日数最长可达 17 天，3 日平均降水量在 170～276mm 之间，7 日平均降水量在 200～410mm 之间[22]。最大降雨中心在瓦房店-岚皋一带。大巴山山势陡峭，使得暴雨洪水汇流时间较短，常形成尖峰状的洪水过程线。

(3)秦岭山区。秦岭山脉是西南气流和东南气流的迎风坡，两股气流在北进过程中受到高大山脉的阻挡，被迫抬升，绝热冷却，产生降雨。秦岭山区多年平均降水量大于 900mm，区内降雨量也存在空间差异，总体而言西北多、东南少，且暴雨具有强度大、历时短、频次多的特点。秦岭山区的两个暴雨中心分别为城固的小河口和镇安的柴坪，24h 最大降雨量在 75mm 以上，如 1970 年 8 月 5 日朱砂沟不到 4 个小时就降雨 500mm。区内一般 3 日平均降雨量在 180～340mm 之间[263]。该区也是汉江洪水的主要来源之一。

汉江上游的三大暴雨中心，决定了汉江上游洪水主要分为三种类型，分别为石泉以上型洪水、石泉-安康区间型洪水和上游型洪水。

石泉以上型洪水是指洪水主要来源于石泉以上地区，其暴雨中心一般在石泉上游宁强、喜神坝一带，多发生在 7～8 月，洪水多由雷暴雨引发，降水历时短、雨量大、强度也大，暴雨中心往往沿汉江洪水演进方向向下游移动，造成洪水沿程干支流叠加，洪峰流量猛增，易发生特大洪水事件，如“83·8”洪水、“90·7”洪水、“98·7”洪水等。

石泉-安康区间型洪水，暴雨中心一般在牧马河、堵河及任河上游，洪水主要来源于石泉-安康段的汉江干支流。此类型洪水多发生在 8～9 月的夏汛末及秋汛，降雨中心较多且历时较长，雨量较大，干支流洪峰在短时间洪峰叠加，洪量较大并给下游地区带来了严重的洪水威胁。如“83·8”洪水，洪水区间组成石泉以上型洪水占了 58%，石泉–安康区间型洪水占了 42%，导致约 26.5 万户、112 万人受灾，死亡近千人，经济损失超过 7 亿元[264]。

上游型洪水主要是指汉江上游干支流均有较大洪水，石泉以上洪量和石泉–安康区间洪量大体相当，暴雨中心自上游向下游移动，沿程汉江各水文观测站洪峰流量不断增加，洪水总量加大，历时较长，如“05·10”洪水。

综上所述，汉江上游多暴雨天气，且暴雨中心主要在安康上游地区，再加上汉江上游水系发达、支流众多、汇流速度快，河槽的调蓄能力差，导致汉江上游洪水频发。根据汉江上游洪水的来源，说明在对汉江上游沉积记录的东汉和北宋时期古洪水事件模拟计算时，选取安康下游的湖北省郧西县至郧阳区之间的河段作为研究河段是适合的。

2. 汉江上游现代洪痕调查与模拟计算

一般来说，洪水发生后都会在河槽适当的位置保留下各种冲刷痕迹等，即洪痕。在汉江上游实地考察时，经过当地多位群众的指认，在 LJZ 剖面、TJZ 剖面、QF-B 和 LWD-A 剖面附近发现 1983 年 8 月 1 日的洪痕；同时，在 YJP 剖面、MTS 剖面等附近发现 2010 年 7 月 18 日的洪痕，并实测了洪痕水位高程。这为进一步验证 HEC-RAS 模型在东汉和北宋时期古洪水事件的水文模拟可靠性及水文参数的准确性提供了依据。

根据模拟东汉和北宋时期古洪水水文模拟所选取的地形数据和水文参数，基于 HEC-RAS 模型的一维恒定流模块，在相同的河段对汉江上游 1983 年 8 月 1 日和 2010 年 7 月 18 日的洪痕分别进行了水文模拟计算。由图 6-7 和图 6-8 可见，模拟计算的 1983 年 8 月 1 日与实地调查的洪痕水位最大误差为 0.64m，相对误差介于–0.37%～0.26%之间、模拟计算的 2010 年 7 月 18 日水位与实地调查的洪痕水位最大误差为 0.64m，相对误差介于–0.18%～0.32%之间，二者误差均小于 1%。

水文、水力模型的可靠性检验一般采用确定性系数(R^2)和纳什效率系数(Nash-Sutcliffe efficiency，NSE)衡量模拟系列与实测系列的吻合程度。根据我国《水文情报预报规范》[265]的相关规定，当水文、水力模型的模拟水位序列与实地调查水位序列的确定性系数(R^2)大于 0.90 时，模型较为可靠。经计算，1983 年 8 月 1 日洪痕的模拟水位与实地调查水位序列确定性系数(R^2)为 0.95，大于 0.90，2010 年 7 月 8 日洪痕的模拟水位与实地调查水位序列确定性系数(R^2)为 0.95，大于 0.90，说明基于 HEC-RAS 模型对汉江上游东汉和北宋时期古洪水的水文模拟计算结果是可靠的，所选取的地形数据和水文参数较为准确。

此外，根据詹道江和谢悦波[137]的古洪水水文学研究经验可知，河道中的特大洪水事件的水面线基本上是平行的。1983 年 8 月 1 日洪水是 1949 年以来汉江上游发生的最大的一次洪水事件，其呈现期约为四百年一遇，是特大洪水事件，安康和白河水文站实测洪峰流量均为 31000m^3/s。由图 6-7 可知 1983 年 8 月 1 日洪水水面线几乎与东汉时期古洪水水面线平行；图 6-8 中，2010 年 7 月 18 日洪水水面线也几乎与北宋时期古洪水水面线平行，这说明基于 HEC-RAS 模型进行的东汉时期古洪水的水文模拟结果是可靠的，所选取的地形数据和水文参数是合理的。

3. 历史古洪水事件非恒定流演进模拟结果验证

洪水的演进模拟过程通常采用水文站实测洪水过程线(包括水位过程线和流量过程线)来验证，通过对比模拟水位、流量序列与实测水位、流量序列，计算两组序列的确定性系数和纳什效率系数来判定模型的可靠性。然而，对于汉江上游东汉和北宋时期古洪水的演进模拟过程的验证显然不能采用此种方法，因此，采用多模型相互印证的方法来进行东汉和北宋时期古洪水的演进模拟过程的验证。

目前，在洪水演进模拟研究中除 HEC-RAS 模型使用较为广泛之外，MIKE 系列模型也得到了广泛的应用。MIKE 系列模型是由丹麦水资源与环境研究所(Danish Hydraulic Instititute，DHI)开发，在洪水预报、水资源水量水质管理、水利工程规划设计论证等领域应用广泛[266]。MIKE 系列模型主要包括 MIKE11、MIKE21、MIKE3 等，其中 MIKE11 软件主要用于洪水的演进模拟研究。与 HEC-RAS 模型不同的是，MIKE11 软件采用 Abbott 六点中心隐式差分方法先对圣维南方程组进行数值离散，然后应用“追赶法”求解差分方程，计算过程中在每个网格点并不同时计算水位和流量值，而是按照顺序交替进行计算，实测断面位置为水位计算点(H 点)，两个水位计算点中点处为流量计算点(Q 点)(图 6-17)。它将水面线计算归结为求解圣维南方程组，表达式如下：

$$\partial A / \partial t + \partial Q / \partial x = q_{\mathrm{L}} \tag{6-19}$$

$$\frac{\partial Q}{\partial t} + \frac{\partial}{\partial x}\left(\alpha \frac{Q^2}{A}\right) + gA\frac{\partial h}{\partial x} = 0 \tag{6-20}$$

式中，A 为过水断面面积；Q 为流量；t 为时间；x 为沿水流方向沿程距离；h 为断面水深；q_L 为旁侧入流；g 为重力加速度。

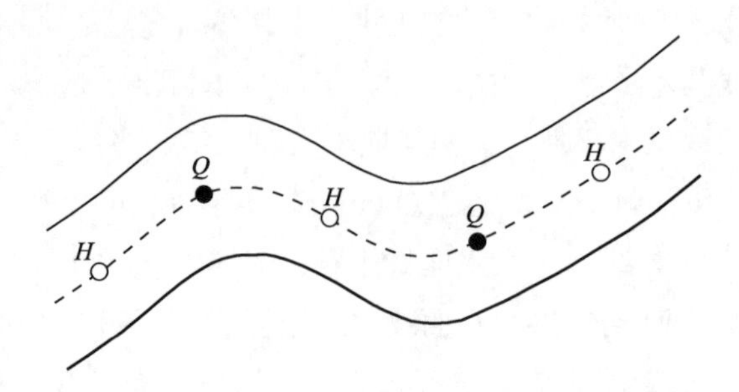

图 6-17　MIKE11 软件 Abbott 六点中心隐式差分法计算水位与流量示意图

采用 MIKE11 软件模拟东汉和北宋时期古洪水事件的演进过程，首先在 ArcGIS 中导出汉江上游东汉和北宋时期研究河段的 bmp 格式底图，并记录下其左下角与右上角的投影坐标，然后将底图导入 MIKE11 软件中，并设置对应的坐标系(墨卡托投影)以便在相应的位置绘制河道中心线，生成河网文件(River Network .nwk11)；分别创建东汉和北宋时期的断面文件(Cross Sections .xns11)，并将 ArcGIS 中提取的研究河段地形数据导入 MIKE11 软件中，并检验断面的合理性；然后创建边界条件(Boundary Condition.bnd11)和参数文件(Parameter.hd11)，并参考前文 HEC-RAS 模型边界条件和水力参数分别设置东汉和北宋时期古洪水演进模拟的边界条件和水力参数；最后创建模拟文件(Simulation .sim11)，将上述文件联系在一起以进行洪水的演进模拟研究。

这里采用 HEC-RAS 模型东汉和北宋时期古洪水演进模拟研究所采用的地形数据和水文参数，基于 MIKE11 软件分别建立了汉江上游东汉和北宋时期古洪水演进模拟研究模型，并对东汉和北宋时期两次古洪水事件进行了模拟研究，分别计算了东汉和北宋时期各个剖面处流量过程线的确定性系数。

经计算，东汉时期 MIKE11 与 HEC-RAS 模型水位和流量序列的确定性系数均大于 0.95(表 6-6)；北宋时期 MIKE11 与 HEC-RAS 模型水位和流量模拟序列的确定性系数均大于 0.97(表 6-7)。此外，对比分析了模拟的东汉和北宋时期古洪水事件在各个剖面峰现时间差异，相对误差均分别小于等于 1.21%和 1.13%(表 6-8)。

表 6-6　汉江上游东汉时期古洪水演进模拟水位与流量序列的确定性系数(R^2)

剖面位置	水位序列 R^2	流量序列 R^2
LJZ	0.983	0.976
TJZ	0.981	0.973
QF-B	0.978	0.968
LWD-A	0.962	0.957

表 6-7　汉江上游北宋时期古洪水演进模拟水位与流量序列的确定性系数(R^2)

剖面位置	水位序列 R^2	流量序列 R^2
YJP	0.993	0.987
SJH	0.989	0.983
GXHK	0.982	0.976
MTS	0.978	0.971

表 6-8　模拟计算东汉和北宋时期古洪水事件在各沉积剖面峰现时间相对误差值

东汉时期古洪水事件		北宋时期古洪水事件	
剖面位置	相对误差/%	剖面位置	相对误差/%
LJZ	1.03	YJP	0.97
TJZ	1.09	SJH	1.02
QF-B	1.14	GXHK	1.08
LWD-A	1.21	MTS	1.13

基于相同的地形数据和水文参数，采用两个物理成因不同的模型分别对东汉和北宋时期的古洪水进行了演进模拟研究。经计算，在各个剖面处两个模型的模拟流量过程较为吻合，其确定性系数均大于 0.95，峰现时间均小于 1.21%。结合前文恒定流模拟的东汉和北宋时期古洪水事件水面线的验证结果，一方面说明东汉和北宋时期洪水演进模拟所选取的地形数据和水文参数是合理的；另一方面也说明，基于 HEC-RAS 模型模拟的东汉和北宋时期古洪水的演进模拟过程是合理的。

综上所述，从洪水模拟计算的角度说明，汉江上游沉积剖面记录的古洪水事件可能分别为东汉和北宋时期的一次洪水事件。

第 7 章　汉江上游安康段不同时间尺度洪水风险评价

21 世纪以来，防洪减灾的非工程措施在防御和治理洪水灾害过程中起到的作用不断被人们认识，各地逐渐将防洪减灾的非工程措施作为防洪工作的重要补充，治理洪灾的对策由原来的仅靠工程措施，向工程与非工程措施相结合转变，其中洪水灾害风险评价作为重要的非工程措施被广泛应用于防灾减灾方面，国内外学者也越来越重视对洪水灾害风险评价的研究。

汉江作为长江最大的支流，属于亚热带季风气候，气候温和，雨量充沛。丹江口以上的汉江上游，自历史时期以来，由于受到气候和地形的影响，极端性气候水文事件发生频率高、强度大，洪水灾害极多且对民生和社会经济影响巨大。1949 年以来，汉江上游不仅为当地人们的生产、生活提供了重要的水源，而且其上游目前成为我国南水北调中线工程的重要水源保护区，肩负着“一江清水送北京”的重任。但是，据数据分析统计[267]，1950～2008 年的 59 年间，安康水文站实测洪峰流量大于 15000m^3/s（警戒流量为 9400m^3/s）的大洪水共发生了 24 次，平均每 2.46 年就发生 1 次，频繁发生的洪水灾害不仅严重影响了当地人们的生活、生产，同时也阻碍了南水北调中线工程的顺利实施。因此，在全球气候变化的大背景之下，准确分析和评价汉江上游的长尺度的洪水灾害风险，对于汉江上游的防洪减灾和综合开发治理具有重要的现实意义。

但是，由于水文观测记录的局限性，汉江上游较短时间尺度的洪水数据既不能反映全新世以来的洪水特征，也不能满足流域防洪减灾和水力计算的需要。为此，本书将文献考证的、沉积记录的东汉和北宋时期古洪水事件纳入现有的洪水序列中，选取汉江上游洪水灾害发生频率最高、洪水灾害严重的安康段作为研究对象，分析和评价汉江上游安康段超长时间尺度洪水序列在不同重现期下的洪水灾害风险。此研究结果不仅能够为汉江上游安康段防洪工程建设的洪水设计精度提供参考，也可为安康段实施防洪减灾工作提供依据。同时，对于增强该河段洪泛区人们的洪灾风险意识、科学地制定和实施洪灾应急预案、规范土地科学规划和管理等具有重要的指导意义。

7.1　汉江上游安康段水文频率分析

汉江上游安康段范围包括安康市汉滨区的中部和南部，为安康市的政治、经济、文化和交通信息中心，主要集中在汉滨区汉江两岸的 3 个街道办事处，即江北、老城区和新城区办事处的部分社区和村落内(图 7-1)。汉江自西向东流经此研究区，左岸依次流经江北街道部分社区、晏台村、中渡村以及关庙镇捍卫村、周台村、皂树村等；右岸依次流经老城区街道部分社区，新城区街道部分社区、油房村、白庙村，张滩镇王湾村、立石村，石梯乡双村等。

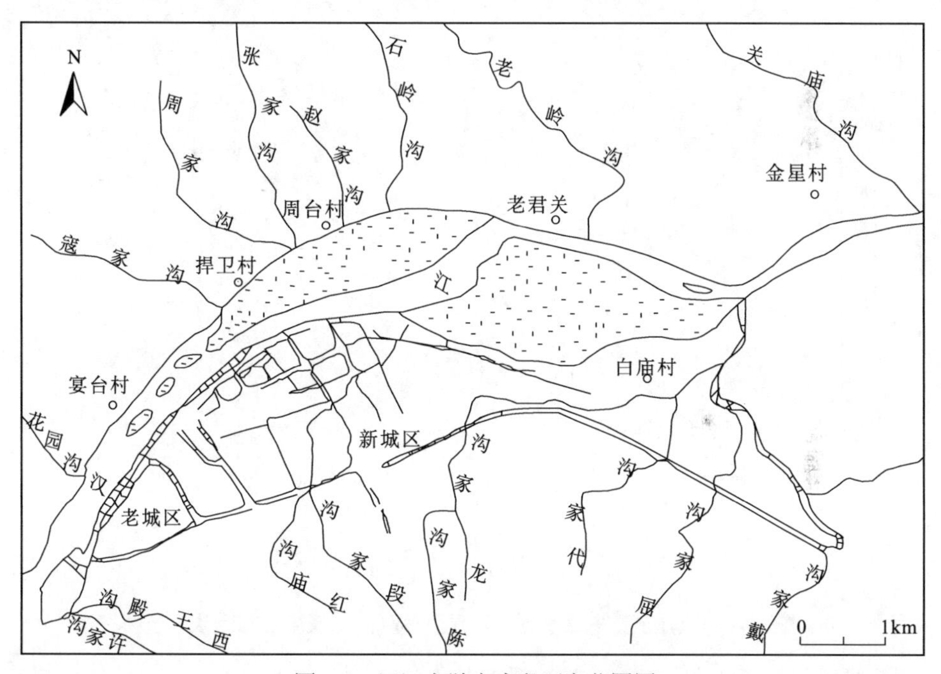

图 7-1　汉江上游安康段研究范围图

位于安康市汉滨区吉河镇的安康水文站，是汉江上游干流的主要控制站，控制流域面积为 38625km^2。本书以安康水文站 1935～2011 年最大洪水洪峰流量资料作为实测洪水系列，选取 1583 年、1867 年和 1921 年历史调查特大洪水资料为历史洪水系列。同时，将文献考证的、沉积记录的东汉和北宋时期古洪水事件作为古洪水系列，构成超长尺度的洪水数据序列。应用洪水频率最大值方法(annual maximum series，AMS)进行洪水频率分析，选取皮尔逊Ⅲ型曲线(P-Ⅲ)模型进行洪水频率分析，分别得到实测洪水+历史洪水序列(以下简称短尺度洪水序列)、实测洪水+历史洪水+古洪水序列(以下简称长尺度洪水序列)的洪水频率曲线结果如图 7-2 所示。

从图 7-2 可以看出，依据短尺度洪水序列进行流量频率分析，100 年一遇洪水流量为 31230m³/s，1000 年和 10000 年一遇的洪水流量计算是由曲线外延所得，分别为 42680m³/s 和 53810m³/s(表 7-1)；将考证获得的东汉和北宋时期的古洪水事件加入洪水序列中后，100 年一遇洪水洪峰流量为 31770m³/s，1000 年和 10000 年一遇的洪水洪峰流量计算由曲线外延变为内插所得，分别为 45200m³/s 和 58800m³/s(表 7-2)。

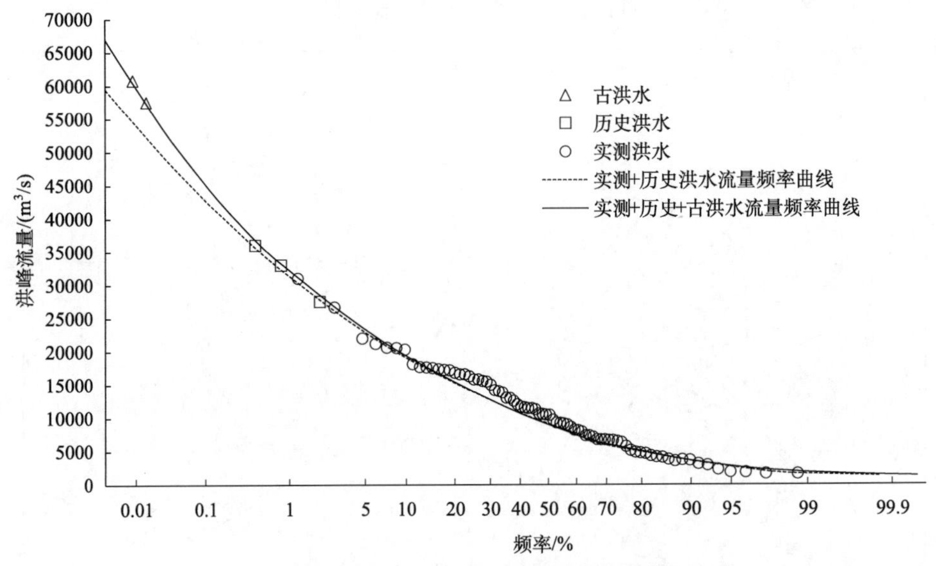

图 7-2　汉江上游安康东段万年尺度洪水频率曲线图

表 7-1　汉江上游安康水文站短尺度序列洪水频率计算结果表

频率 P/%	0.01	0.1	0.2	0.5	1	2	5	10	20
重现期 N/年	10000	1000	500	200	100	50	20	10	5
Q_P/(m³/s)	53810	42680	39280	34730	31230	27670	22820	19000	14960

注：$\bar{Q}$=12128.9；C_v=0.6；C_s=3 C_v。

表 7-2　汉江上游安康水文站长尺度序列洪水频率计算结果

频率 P/%	0.01	0.1	0.2	0.5	1	2	5	10	20
重现期 N/年	10000	1000	500	200	100	50	20	10	5
Q_P/(m³/s)	58800	45200	41170	35870	31770	27690	22400	18310	14130

注：$\bar{Q}$=12825.3；C_v=0.6；C_s=3 C_v。

这表明仅依靠有限实测洪水与历史洪水数据系列外延得出的1000年和10000年一遇洪水的洪峰流量，明显小于加入古洪水数据计算的洪峰流量结果，这将会影响汉江上游安康段洪水灾害风险评价的精度,进而造成水利工程设计洪水偏小，存在洪水灾害风险。将古洪水研究成果加入历史洪水和实测洪水资料序列中，构成长尺度洪水序列，获得的洪水频率曲线稳定、合理，使得 1000 年一遇以内的洪水频率的读取，均由原来的外延转变为内插，提高了洪水频率分析的可靠性，保证了洪水设计数据的准确性。

7.2　短尺度洪水序列灾害风险评价

1. 洪水灾害危险性评价

1) 评价指标选取

洪水灾害危险性分析主要研究洪水威胁区域可能遭受洪水影响的强度和频度，它是洪水危险性分析的重点[172, 173]，这与洪水可能淹没的范围和水深直接相关。

一般情况下，不同重现期(如 10 年一遇、100 年一遇、1000 年一遇和 10000 年一遇)的洪峰水位和流量，可以通过洪水频率分析得到，基于此，可以估算可能的淹没范围和淹没水深。虽然理论上洪水灾害危险性评价的强度指标应该包括淹没水深、淹没范围、淹没历时等，但对于汉江上游安康段来说，洪水灾害造成威胁和破坏的主要因素就在于洪水淹没水深大小，故选取洪水最大淹没水深作为强度指标对洪水灾害危险性进行评价。

2) 洪水淹没过程分析

不同重现期的洪水淹没过程采用 HEC-RAS 模型的一维恒定流模块进行分析，具体过程是：在 ArcGIS 软件中，结合高空分辨率卫星影像，在 ArcGIS 中对汉江上游安康-旬阳段水系地形图(比例尺为 1∶5000)进行矢量化并生成 TIN 网格，然后利用 ArcGIS 中的 HEC-GeoRAS 模块提取河道中泓线、河岸线、汇流路径、左右河道汇流路径等地形数据，并建立数据图层，设置图层的属性。同时结合野外实际测量，在汉江上游安康段主河道上均匀地生成了 116 个断面，并将以上几何数据导入 HEC-RAS 模型中作为背景图(图 7-3)。

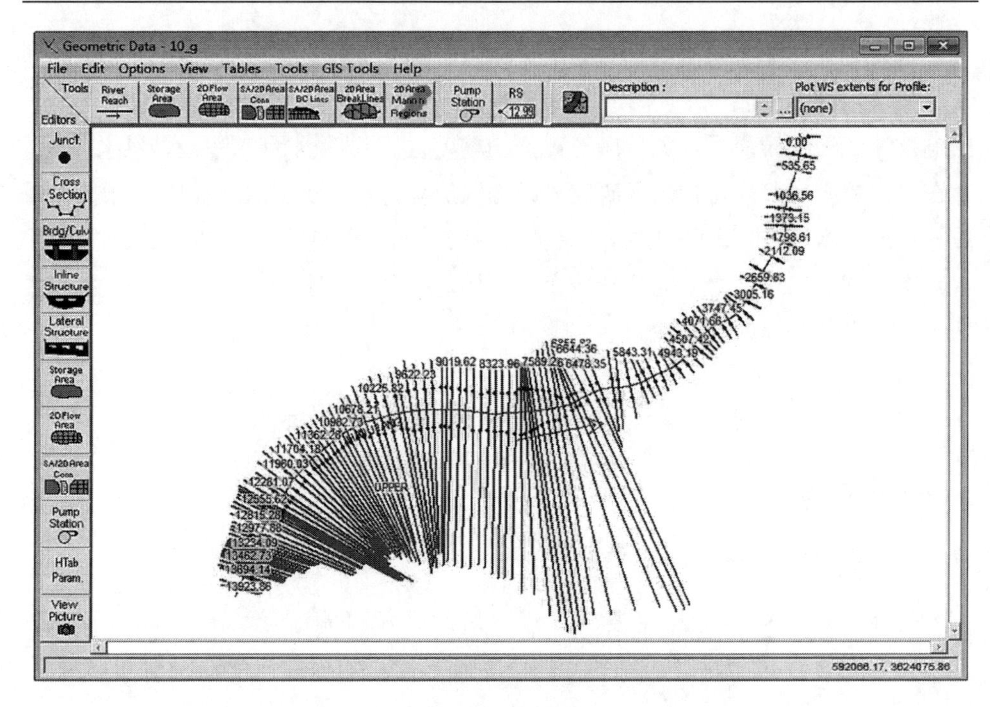

图 7-3　汉江上游安康段断面几何数据

参照水利水电工程设计中天然河道糙率的取值标准[257]，结合对研究河段的实地考察，最终确定主槽糙率为 0.030、河岸综合糙率为 0.050。

以安康水文站和县河口水文站 1968 年 9 月洪水过程线作为典型洪水进行同倍比放大(洪峰流量)得到的安康水文站和县河口水文站(黄洋河)不同重现期(10 年一遇、100 年一遇、1000 年一遇和 10000 年一遇)下的洪水过程线作为上游的边界条件和支流黄洋河边界；选用 HEC-RAS 模型中提供的 Normal Depth 选项为下游的边界条件。同时为了验证系统模型的稳定性和可靠性，选取 1983 年 8 月 1 日安康水文站和县河口水文站洪水过程线用于模型参数率定。

通过计算，汉江上游安康段 1983 年洪水的模拟水位和洪峰流量与实测值相比误差均小于 2%，说明选取的地形数据和水文参数是可靠的，可以用于汉江上游安康段不同重现期(10 年一遇、100 年一遇、1000 年一遇和 10000 年一遇)的洪水淹没模拟。

由此，依据选取的地形数据和水文参数，通过 HEC-RAS 模型一维恒定流模块，分别模拟出短尺度洪水序列下 10 年一遇、100 年一遇、1000 年一遇和 10000 年一遇洪水的淹没水深和淹没范围(表 7-3、图 7-4)。

表 7-3　短尺度洪水序列不同重现期洪水淹没情况表

频率/%	10	1	0.1	0.01
重现期/年	10	100	1000	10000
最大淹没水深/m	29.71	34.60	38.36	42.16
淹没面积/10^4m^2	924.12	1211.40	1353.60	1469.72

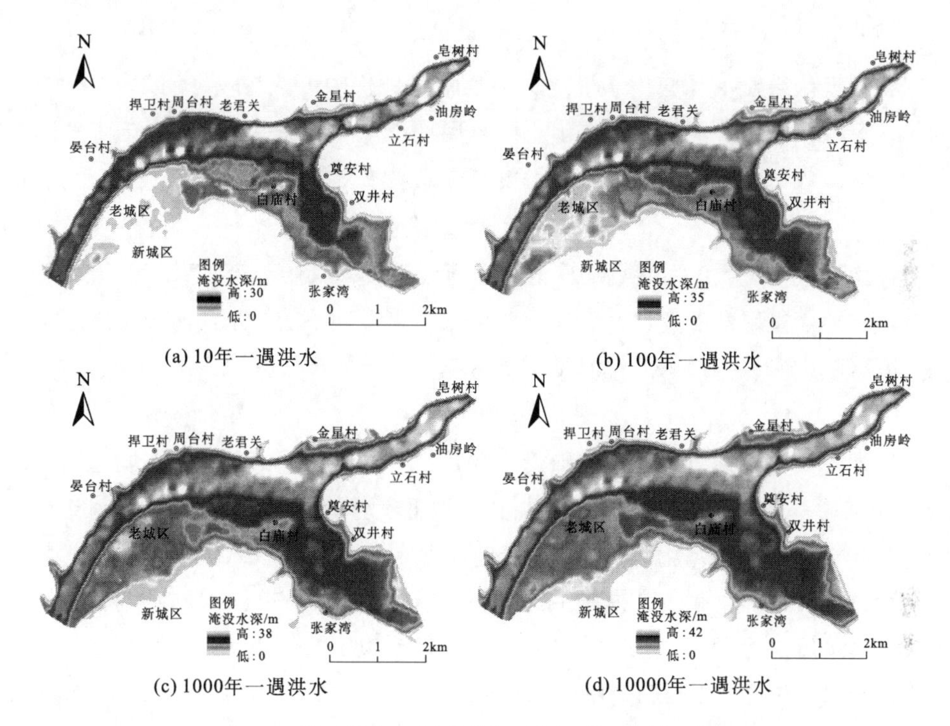

(a) 10年一遇洪水　(b) 100年一遇洪水　(c) 1000年一遇洪水　(d) 10000年一遇洪水

图 7-4　短尺度洪水序列不同重现期洪水淹没水深图

从图 7-4 可见，由于汉江上游安康段的中上游为安康盆地，地势平坦低洼，而下游为基岩峡谷地貌，因此在不同重现期洪水下中上游段均出现漫堤情况，而下游地区几乎无漫堤现象。

而且，由表 7-3 统计的不同重现期下的最大淹没水深和淹没面积来看，当发生 10 年一遇洪水时，淹没水深较浅，最大为 29.71m，此时的淹没范围主要分布在支流黄洋河两岸的低洼地和主河道右岸，位于汉江右岸的老城区的部分街道，以及莫安村、白庙村、张家湾等部分区域均被洪水淹没，淹没面积为 924.12×10^4m^2。

当发生 100 年一遇洪水时，最大淹没水深达到 34.60m，此时洪水的淹没范围在 10 年一遇洪水淹没范围的基础上扩展，淹没面积增大到 1211.40×10^4m^2，安康老城区大部分街道，以及江北部分街道将会受到洪水威胁。

当发生 1000 年一遇洪水时，淹没水深继续增大到 38.36m，此时淹没面积为 $1353.60\times10^4\text{m}^2$，安康老城区街道及新城区的部分街道受到洪水威胁。

当发生 10000 年一遇洪水时，淹没水深达到了 42.16m，洪水淹没范围比 1000 年一遇稍有扩大，此时淹没面积增大的范围为 $1469.72\times10^4\text{m}^2$。

3) 评价模型

将转换函数赋值法应用于洪水灾害危险性评价中可取得较好的效果[268,269]，为此，参考该方法，利用函数求出不同重现期洪水淹没深度下介于 0 与 1 之间的危险度值。数值越大，表示洪水危险度越高。转换函数公式为

$$H = a\times\lg D \tag{7-1}$$

式中，H 为危险度；a 为系数；D 为洪水淹没深度。其中 a 值在某一重现期下为常数，它随着重现期的变化而变化。对于某一重现期下的洪水，淹没深度越大，危险度就越大，故在最大淹没深度下洪水灾害的危险度最高，为 1，则：

$$a = 1/\lg D \tag{7-2}$$

依据不同重现期洪水的最大淹没水深，应用式(7-2)，即可得到不同重现期洪水的 a 值。基于短尺度洪水序列，洪水重现期分别在 10 年、100 年、1000 年和 10000 年一遇情况下所对应系数 a 的值分别为 0.68、0.65、0.63 和 0.62。

在 ArcGIS 中利用 Grid 模块中的地图代数功能，采用式(7-1)对不同重现期洪水灾害危险度进行运算，以危险度为依据，按照拟定的分级原则，进行洪水灾害危险性分级，并赋予相应的属性值，即可得到研究区洪水灾害危险性评价等级(表 7-4)。

表 7-4　洪水灾害危险性评价等级

危险性级别	低危险性	较低危险性	较高危险性	高危险性
危险度	0～0.25	0.25～0.5	0.5～0.75	0.75～1
属性值	1	2	3	4

4) 短尺度洪水序列危险性评价结果

根据上述洪水灾害危险性评价结果，借助 ArcGIS 软件，对汉江上游安康段短尺度洪水序列不同重现期洪水灾害进行危险性评价，对其评价结果进行可视化，

即可得到研究区短尺度洪水序列不同重现期洪水灾害危险性评价图(图 7-5)。

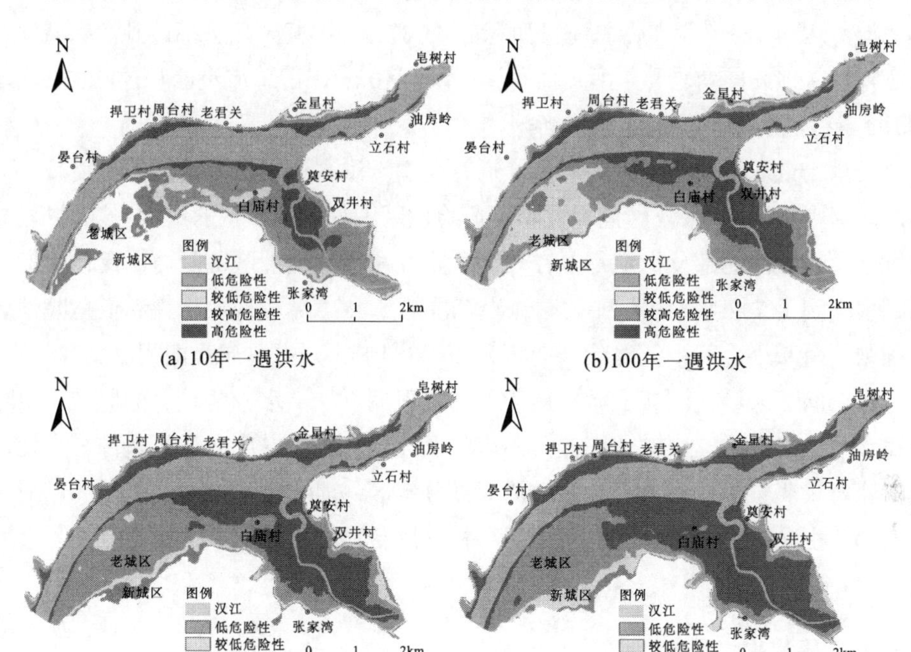

图 7-5　短尺度洪水序列不同重现期洪水灾害危险性评价图

由图 7-5 可知，当洪水重现期为 10 年一遇时，较高危险性和高危险性区集中分布在汉江干流和支流黄洋河的交汇处以及支流黄洋河的两岸，该区地势较低且河网密布，淹没水深较高，主要包括白庙村、奠安村、张家湾、双井村等的部分地区，高危险性区面积达 $203.96\times10^4m^2$，占总淹没面积的 22.07%；较低危险性和低危险性区主要分布在安康老城区的部分街道，低危险性区面积为 $126.08\times10^4m^2$，占总淹没面积的 13.64%，由于该区淹没范围较小且淹没水深较低，故洪水灾害危险性较低。

当发生 100 年一遇洪水时，相比 10 年一遇洪水，较高危险性和高危险性区在其基础上向外扩展，高危险区面积达 $404.68\times10^4m^2$，占总淹没面积的 33.41%；较低危险性和低危险性区也按同样的路径向地势较低的地区扩展，低危险性区面积为 $67.68\times10^4m^2$，占总淹没面积的 5.59%，此时老城区大部分地区受到洪水的威胁。

当洪水重现期增加到 1000 年一遇时，由于洪水淹没范围和淹没水深的进一步增加，较高危险性和高危险性区在其基础上继续向外扩展，高危险性区面积继续增加，达 $560\times10^4\mathrm{m}^2$，占总淹没面积的 41.37%，主城区几乎都遭到洪水威胁；低危险性区继续向南转移，所占面积为 $76.72\times10^4\mathrm{m}^2$，占总淹没面积的 5.67%，与 100 年一遇洪水低危险区面积相当。

当洪水重现期增加到 10000 年一遇时，由于洪水淹没范围增加的幅度减小，淹没水深则不断增加，较高危险性和高危险性区占总淹没面积的比例也随之增加，老城区及新城区的部分街道都处在较高危险性和高危险性区范围内，高危险性区面积增加到了 $742.44\times10^4\mathrm{m}^2$，占总淹没范围的 50.52%；较低危险性和低危险性区面积则不断减小，其中低危险区面积为 $46.28\times10^4\mathrm{m}^2$，占总淹没面积 3.15%。

从空间上来看，汉江上游安康段不同重现期下受洪水威胁较大的区域主要分布在该河段南岸的安康盆地和支流两岸的低洼地，包括安康老城区大部分街道以及白庙村、奠安村、双井村、张家湾等部分地区；而该河段北岸地势较高，受洪水威胁较小；遇到极端洪水事件，晏台村、周台村、老君关、皂树村等地才会受到影响。

2. 洪水灾害易损性评价

1) 评价指标的选取

洪水灾害易损性评价就是在洪水灾害危险性评价的基础上，对遭遇不同强度致灾洪水时研究区承灾体损失程度做出的定量和定性评价[172]。很明显，一个地区固定资产价值越大，遭受自然灾害时该地区总的物质损失就越大，即易损性就越大。因此，在假设影响研究区洪水灾害风险的其他因素均相同的情况下，单位面积上价值大的承灾体，其荷载的洪水灾害易损性也大，结合对汉江上游安康段不同重现期洪水淹没的分析结果，应用 GIS 技术，对研究区不同土地利用类型的承灾体易损性进行定量评价。

2) 数据来源和数据处理

以谷歌地图下载器 V4.2 下载的 20 级别 2015 年安康市的卫星图像为数据源，结合 GIS 技术，参考现行土地利用分类方案和城市建设用地分类方案[270]，以研究区土地利用的主要类型为基础，并结合研究区地物类型的特征，重点选取了耕地、林地、城镇用地(城镇住宅用地、农村居民点、工业用地、商服用地)、公共用地、绿化用地)、交通用地(铁路和公路用地)、水域(汉江)、未利用土地(荒地)

等共 6 大类 12 种土地利用类型进行卫星地图的目视解译。具体解译时参照研究区地形图中的地物标注，结合目判与实地调查，提取研究区的承灾体类型、数量与空间分布信息，结果如图 7-6 所示。

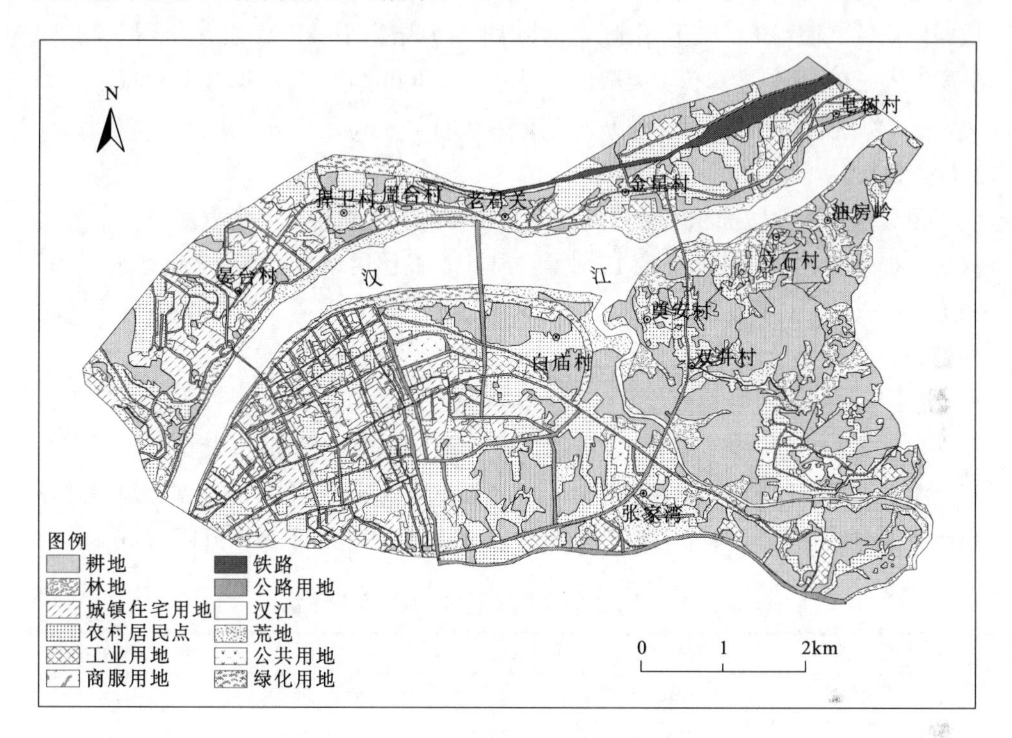

图 7-6　汉江上游安康段土地承灾体解译结果

3) 评价模型

在对汉江上游安康段承灾体种类划分、数量提取和实际调查的基础上，采用分类统计与分析的方法，对研究区承灾体的价值进行定量分析，其评估模型如下：

$$V(u)=\sum_{i=1}^{n}E(d)_i\times F(s)_i \tag{7-3}$$

式中，$V(u)$ 为研究区承灾体财产价值；$E(d)_i$ 为 i 类承灾体平均单价；$F(s)_i$ 为 i 类承灾体的平面面积；i 为承灾体种类。

基于式(7-3)模型，参考刘希林和王小丹[268]在易损性评价中应用的转换函数赋值法， 利用函数求出不同承灾体介于 0 与 1 之间的易损度值。采用的公式为

$$V=a\times \lg A \tag{7-4}$$

式中，V 为易损度；a 为系数；A 为不同承灾体单位面积上的价值。

汉江上游安康段各种用地类型平面面积上的单价主要根据安康市住房和城乡建设提供的数据和现行的物价确定。对于研究区的多层建筑，还应考虑其平均楼层数，根据对安康城区的实际调查，将研究区的多层建筑中城镇住宅用地、农村居民点、商服用地、工业用地、公共用地分别定为10层、2层、10层、4层、6层[271]。交通用地的单价主要取决于道路的造价和宽度，本书依据安康城区的实际情况，将铁路和公路的平均宽度分别定为20m、30m，造价分别定位50000元/m、30000元/m[271]。

依据承灾体单位面积上价值越大，易损度越高的原则，参考安康市城市管理执法局提供的数据，在研究区12种承灾体中，商服用地单位面积上的价值最大，约为10万元/m^2，其易损度值为1，代入式(7-4)，即可求得a值为0.2。研究区易损度公式为

$$V = 0.2\times \lg A \tag{7-5}$$

依据式(7-5)，得到汉江上游安康段不同承灾体的易损度值(表7-5)。基于汉江上游安康段两种尺度洪水序列的不同重现期洪水的淹没范围，依据洪水淹没范围内承灾体的易损度，对易损性进行等级划分，并赋予其相应的属性值(表7-6)。

表7-5 汉江上游安康段不同承灾体易损度值

一级类型	二级类型	三级类型	单价A/(元/m^2)	易损度V
1耕地	11耕地		20	0.26
3林地	31林地		10	0.2
5城镇用地	51城镇住宅用地		45000	0.93
	52农村居民点		1000	0.6
	53工业用地		5000	0.74
	54商服用地		100000	1
		551公共用地	30000	0.9
		552绿化用地	500	0.54
6交通用地	61铁路		5000	0.74
	62公路		2000	0.66
7水域	71汉江		0	0
8未利用地	81荒地		0	0

表7-6 洪水灾害易损性评价等级

易损性级别	低易损性	较低易损性	较高易损性	高易损性
易损度	0～0.25	0.25～0.5	0.5～0.75	0.75～1
属性值	1	2	3	4

4)短尺度洪水序列易损性评价结果

依据上述洪水灾害易损性评价模型，借助 ArcGIS 软件，对研究区基于历史洪水、实测洪水序列的不同重现期洪水灾害进行易损性评价和统计，得到了洪水灾害易损性评价等级图(图 7-7)。

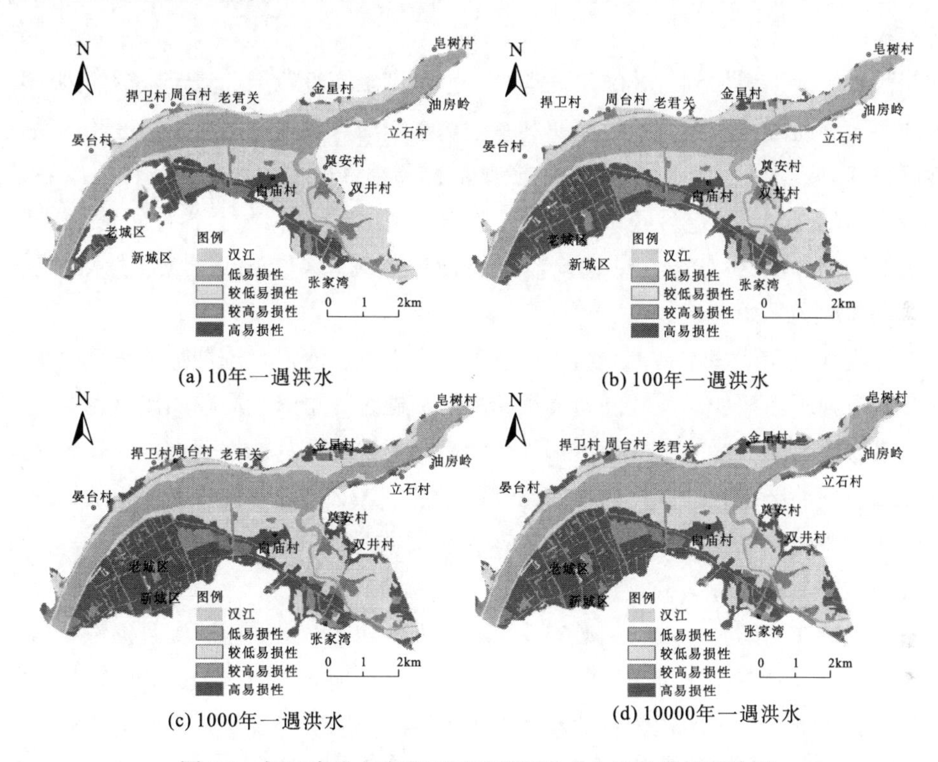

(a) 10年一遇洪水　(b) 100年一遇洪水

(c) 1000年一遇洪水　(d) 10000年一遇洪水

图 7-7　短尺度洪水序列不同重现期洪水灾害易损性评价图

由图 7-7 可知，随着致灾洪水强度的不断增大，洪水淹没的承灾体面积也不断增大，由 10 年一遇的 $924.12\times10^4\mathrm{m}^2$ 增加到了 10000 年一遇的 $1469.72\times10^4\mathrm{m}^2$，较高易损性和高易损性区占其总淹没面积的比例由 10 年一遇的 41.88%增加到 10000 年一遇的 57.11%，但其增加的幅度逐渐减小。

当洪水重现期为 10 年一遇洪水时，较高易损性和高易损性区分布在汉江干流南岸被淹没的城区内，高易损性区面积达 $114.84\times10^4\mathrm{m}^2$，占总淹没面积的比例较小，为 12.43%；较低易损性和低易损性区主要分布在支流黄洋河两岸，低易损性区面积为 $232.84\times10^4\mathrm{m}^2$，占总淹没面积的 25.2%，表明 10 年一遇洪水对城区的大部分地区威胁较小。

当发生 100 年一遇洪水时，随着较高易损性和高易损性区的不断扩展，较高易损性和高易损性区占其总淹没面积的比例增加了 10%，高易损性区面积达 $241.8\times10^4m^2$，占总淹没面积的 19.96%，较低易损性和低易损性区也随着重现期的增加而不断扩展，低易损性区面积为 $253.24\times10^4m^2$，占总淹没面积的 20.9%。此时，随着老城区大部分地区受到洪水淹没威胁，发生此量级洪水灾害时，损失也较严重。

洪水重现期增加到 1000 年一遇时，由于洪水淹没范围和淹没水深的进一步增加，较高易损性和高易损性区在其基础上继续向外扩展，较高易损性和高易损性区占其总淹没面积的比例增加了 3.21%，高易损性区面积为 $288.8\times10^4m^2$，占总淹没面积的 21.34%，老城区所有街道几乎都遭到洪水威胁。低易损性区变化较小，所占面积为 $267.24\times10^4m^2$，占总淹没面积的 19.74%，这与 100 年一遇洪水低易损性区面积相当。

当洪水重现期增加到 10000 年一遇时，由于洪水淹没范围增加的幅度减小，淹没水深则不断增加，故较高易损性和高易损性区占总淹没面积的比例也随之增加，老城区及新城区的部分街道都处在较高易损性和高易损性范围内，较高易损性和高易损性区占其总淹没面积的比例增加了 2.02%，高易损性区面积增加到了 $319.64\times10^4m^2$，占总淹没范围的 21.75%，低易损性区面积为 $278.6\times10^4m^2$，占总淹没面积的 18.96%。

而且，在空间上，汉江上游安康段不同重现期下洪水灾害较高易损性和高易损性区集中分布在该河段南岸的安康老城区，该区地势平坦，人口和财富相对集中，城镇用地所占总面积的比例较大，遭受洪水威胁时，经济损失较大。洪水灾害较低易损性和低易损性的地区主要分布在该河段北岸地势较低的地区，如周台村、老君关、金星村等地，以及支流黄洋河两岸，如白庙村、奠安村、双井村等靠近岸边的地区，由于黄洋河两岸土地利用类型以耕地和林地为主，承灾体价值较低，故洪水灾害易损性较低。

3. 洪水灾害综合风险评价

1) 评价模型

灾害风险评价中的“风险”一词，其含义包括三方面，即灾害造成的损失、不利事件发生的概率及其可能产生的后果[172]。联合国人道主义协调厅将自然灾害风险定义为自然灾害引起的人民生命财产和经济活动的期望损失值，其风险表达式为：风险=危险性×易损性[272]。这一定义比较全面地反映了风险的本质特征，并已得到国内外众多学者与国际组织机构的认可。

在洪水灾害风险评价中，前提是危险性评价，基础是易损性评价，风险则是结果。本书对研究区洪水灾害风险进行评价时采用以下模型：

$$R = H \times V \tag{7-6}$$

式中，R 是风险度；H 是危险度；V 是易损度。

运用 ArcGIS 中的栅格计算器，采用式(7-6)对不同重现期洪水灾害风险度进行运算，以风险度为依据，按照拟定的分级原则，进行洪水灾害风险性分级，并赋予相应的属性值(表 7-7)。

表 7-7　洪水灾害风险评价等级

风险级别	低风险	较低风险	较高风险	高风险
风险度	0～1	1～4	4～9	9～16
属性值	1	2	3	4

2)短尺度洪水序列风险评价结果

依据上述洪水灾害风险评价模型，借助 ArcGIS 软件，对汉江上游安康段基于实测洪水+历史洪水序列的不同重现期洪水灾害进行风险评价和统计，即可得到研究区短尺度洪水序列不同重现期洪水灾害风险评价图(图 7-8)。

由图 7-8 可知，随着洪水灾害强度的不断增加，研究区较高风险和高风险区占其总淹没面积的比例由 10 年一遇的 60.73%增加到 10000 年一遇的 77.42%。当洪水重现期为 10 年一遇洪水时，较高风险和高风险区主要分布在汉江干流和支流黄洋河两岸地势较低的村落，包括白庙村、奠安村、张家湾、金星村、双井村等的部分地区，高风险区面积较小，为 $82.32\times10^4m^2$，占总淹没面积的 8.91%；较低风险和低风险区主要分布在淹没水深较浅的安康老城区部分街道，低风险区占总淹没面积最小，为 4.70%。

当发生 100 年一遇洪水时，相比 10 年一遇洪水，较高风险和高风险区在其基础上向老城区扩展，高危险区面积增加，为 $142.4\times10^4m^2$，占总淹没面积的 11.75%；低风险区面积进一步减少，为 $5.4\times10^4m^2$，占总淹没面积的 0.45%，此时老城区大部分地区遭受洪水灾害损失较大。

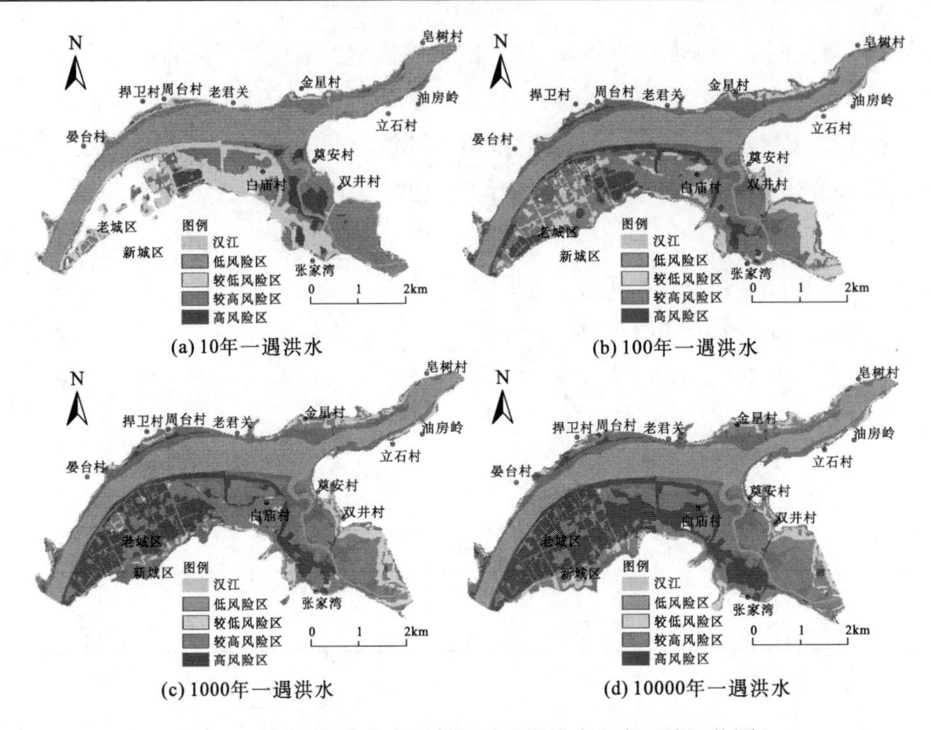

(a) 10年一遇洪水　(b) 100年一遇洪水

(c) 1000年一遇洪水　(d) 10000年一遇洪水

图 7-8　短尺度洪水序列不同重现期洪水灾害风险评价图

当洪水重现期增加到1000年一遇时，由于洪水淹没范围和淹没水深的进一步增加，较高风险和高风险区在其基础上继续向外扩展，高风险区面积继续增加，达 $326.76\times10^4m^2$，占总淹没面积的24.14%，主城区几乎都遭到洪水威胁；低风险区面积持续缩小，为 $4.44\times10^4m^2$，占总淹没面积的0.33%。

当洪水重现期增加到10000年一遇时，较高风险和高风险区占总淹没面积的比例持续增加，且处于较高风险和高风险区的老城区及新城区部分街道中城镇用地所占比重较大，高风险区面积增加到了 $457.52\times10^4m^2$，占总淹没范围的31.13%；较低风险和低风险区面积则不断减小，其中低危险区面积为 $3.24\times10^4m^2$，占总淹没面积0.22%。

从空间上来看，汉江上游安康段不同重现期下洪水灾害风险较高区域占总淹没面积的比重较大，且主要集中分布在洪水灾害危险度和易损度都较高的汉江南岸老城区，该区地势较低，地形平坦，河网密布，城镇用地所占比例较大，人口密度大，经济发达，承灾体价值较高，因此发生洪水灾害的概率和损失都较大，洪水灾害风险高；洪水灾害较低风险和低风险的地区主要分布在汉江干流及其支流黄洋河两岸未被利用和开发的地区，虽然该区受洪水威胁较大，但其承灾体的价值低，故洪水灾害风险较低。

7.3　长尺度洪水序列灾害风险评价

1. 洪水灾害危险性评价

1) 洪水淹没过程分析

利用 7.2 节中建立的洪水淹没分析模型，对汉江上游安康段长尺度洪水序列下 10 年一遇、100 年一遇、1000 年一遇、10000 年一遇洪水模拟，得到不同重现期洪水的淹没水深和淹没范围等数据，其模拟结果见图 7-9。

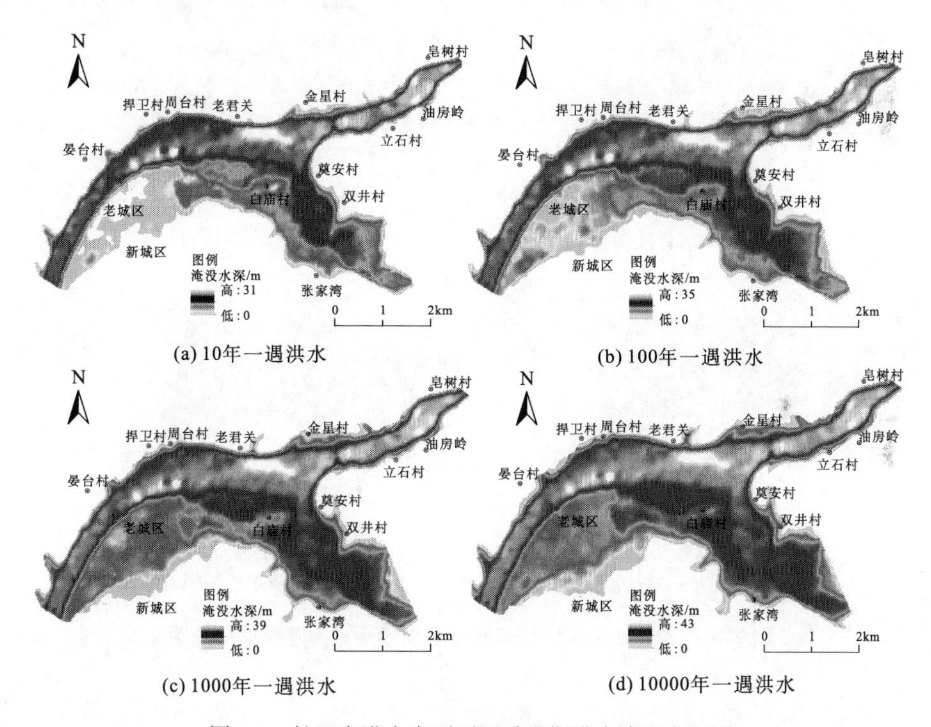

图 7-9　长尺度洪水序列不同重现期洪水淹没水深图

依据图 7-9 可以看出，随着重现期的增加，长尺度洪水序列的淹没变化规律与短尺度洪水序列淹没变化规律一致，在同一深水区间时的淹没面积总体随着重现期的增加而逐渐增大。

随着洪水重现期从 10 年一遇增加到 10000 年一遇，长尺度洪水序列的洪水总淹没面积从 10 年一遇的 $1009.6\times10^4\text{m}^2$ 增加到了 10000 年一遇的 $1504.28\times10^4\text{m}^2$，增长了 494.68×$10^4$$m^2$，洪水最大淹没水深从 10 年一遇的 30.5m 增加到了 10000 年一遇的 43.4m，增加了 12.9m。

2) 洪水灾害危险性评价结果

依据 7.2 节中的洪水灾害危险性评价模型，借助 ArcGIS 软件，对汉江上游安康段基于古洪水、历史洪水、实测洪水序列的不同重现期洪水灾害进行危险性评价和统计，得到了长尺度洪水序列不同重现期洪水灾害危险性评价图(图 7-10)。

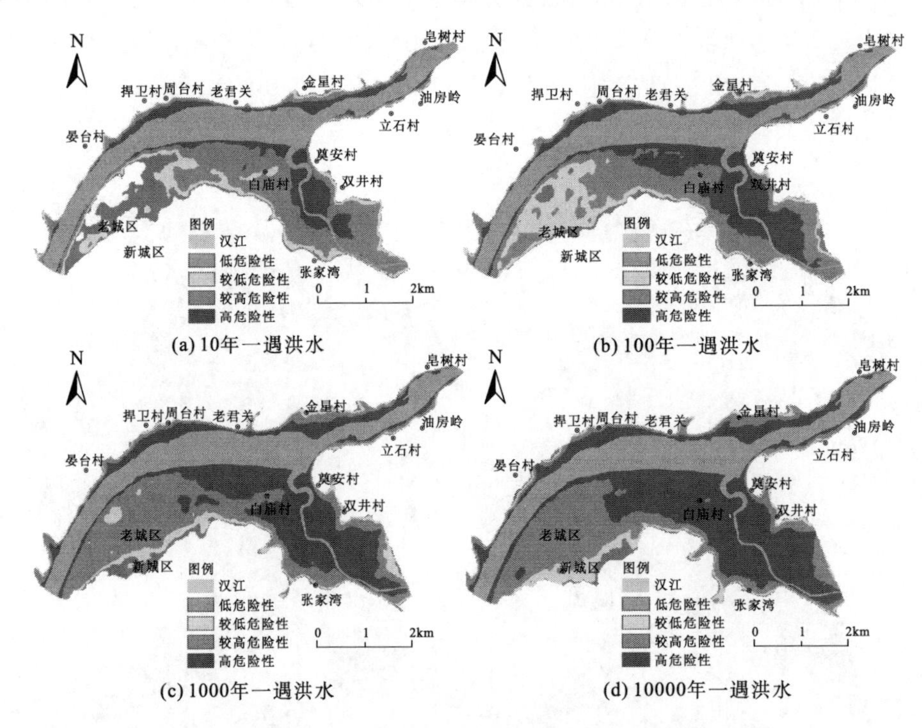

(a) 10年一遇洪水　　(b) 100年一遇洪水

(c) 1000年一遇洪水　　(d) 10000年一遇洪水

图 7-10　长尺度洪水序列不同重现期洪水灾害危险性评价图

由图 7-10 可知，随着洪水重现期的增加，长尺度洪水序列不同等级危险性区分布范围与短尺度洪水序列不同等级危险性区分布范围基本一致。

当洪水重现期为 10 年一遇洪水时，高危险性区面积达 220.6×$10^4$$m^2$，占总淹没面积的 21.85%，低危险性区面积为 166.36×$10^4$$m^2$，占总淹没面积的 16.48%。

当发生 100 年一遇洪水时，高危险性区面积达 433.6×$10^4$$m^2$，占总淹没面积的 35.37%，低危险性区面积为 58.08×$10^4$$m^2$，占总淹没面积的 4.74%。

当发生 1000 年一遇洪水时，高危险性区面积为 600.6×$10^4$$m^2$，占总淹没面积的 43.81%，低危险性区面积为 $68.88\times10^4\text{m}^2$，占总淹没面积的 5.02%，与 100 年一遇洪水的危险区面积相当。

当洪水重现期增加到 10000 年一遇时，高危险性区面积增加到了 $765.4\times10^4\text{m}^2$，占总淹没范围的 50.88%，低危险性区面积为 $47.28\times10^4\text{m}^2$，占总淹没面积的 3.14%。

在空间上，受洪水影响的区域仍主要分布在该河段南岸的安康盆地和支流两岸的低洼地，而该河段北岸受洪水威胁较小。

2. 洪水灾害易损性评价

依据 7.2 节中的洪水灾害易损性评价模型，借助 ArcGIS 软件，对汉江上游安康段长尺度洪水序列的不同重现期洪水灾害进行易损性评价和统计，得到了长尺度洪水序列不同重现期洪水灾害易损性评价图(图 7-11)。

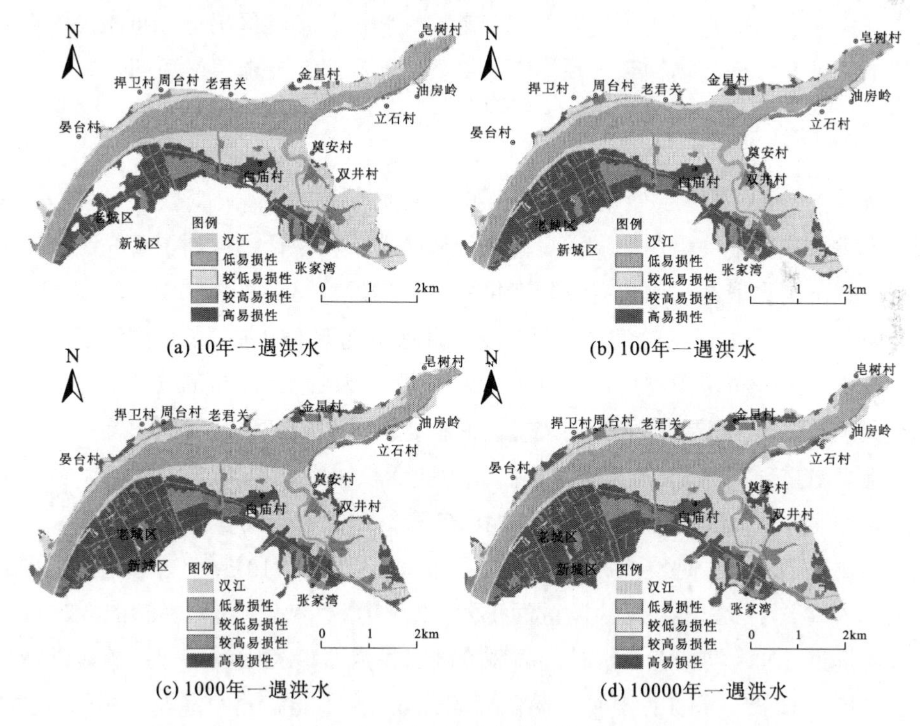

(a) 10年一遇洪水　(b) 100年一遇洪水　(c) 1000年一遇洪水　(d) 10000年一遇洪水

图 7-11　长尺度洪水序列不同重现期洪水灾害易损性评价图

由图 7-11 可见，随着洪水重现期的增加，长尺度洪水序列不同等级易损区分布范围与短尺度洪水序列不同等级易损区分布基本一致，随着致灾洪水强度的不断增大，洪水淹没的承灾体面积也呈增加趋势，增加幅度不同。

当洪水重现期为 10 年一遇时，高易损性区面积达 $160.4\times10^4m^2$，占总淹没面积的 15.89%；低易损性区面积为 $235.16\times10^4m^2$，占总淹没面积的 23.29%。

当发生 100 年一遇洪水时，高易损性区面积达 $246.12\times10^4m^2$，占总淹没面积的 20.08%，增长了 4.19%；低易损区面积为 $255.36\times10^4m^2$，占总淹没面积的 20.83%。

当发生 1000 年一遇洪水时，高易损性区面积为 $293.84\times10^4m^2$，占总淹没面积的 21.43%，增长了 1.35%；低易损性区面积为 $269.32\times10^4m^2$，占总淹没面积的 19.65%。

当洪水重现期增加到 10000 年一遇时，高易损性区面积增加到了 $330.24\times10^4m^2$，占总淹没范围的 21.95%，增长了 0.52%；低易损性区面积占总淹没面积的 18.7%。

在空间上来看，不同重现期下较高易损性和高易损性区仍然分布在汉江干流南岸的城区，较低易损性和低易损性区主要分布在汉江支流黄洋河两岸。

3. 洪水灾害综合风险评价

依据 7.2 节中洪水灾害风险评价模型，借助 ArcGIS 软件，对汉江上游安康段长尺度洪水序列不同重现期洪水灾害进行风险评价和统计，得到了研究区长尺度洪水序列不同重现期洪水灾害风险评价图(图 7-12)。

由图 7-12 可知，从时间上来看，随着洪水重现期的增加，长尺度洪水序列不同等级风险区分布范围与短尺度洪水序列不同等级风险区分布范围基本一致。随着致灾洪水强度的不断增大，高风险区面积逐渐扩大而低风险区面积逐步缩小。

当洪水重现期为 10 年一遇时，高风险区面积较小，为 $50.32\times10^4m^2$，占总淹没面积的 4.98%；低风险区面积为 $5.84\times10^4m^2$，占总淹没面积的 0.58%。

当发生 100 年一遇洪水时，高风险区面积达 $175.68\times10^4m^2$，占总淹没面积的 14.33%，增长了 9.35%；低风险区面积为 $4.32\times10^4m^2$，占总淹没面积的 0.35%。

当发生 1000 年一遇洪水时，高风险区面积为 $349.72\times10^4m^2$，占总淹没面积的 25.51%，增长了 11.18%；低风险区面积为 $4.12\times10^4m^2$，占总淹没面积的 0.3%。

当洪水重现期增加到 10000 年一遇时，高风险区面积增加到了 $484.2\times10^4m^2$，占总淹没范围的 32.19%，增长了 6.68%；低风险区面积仅为 $2.64\times10^4m^2$，占总淹没面积的 0.18%。

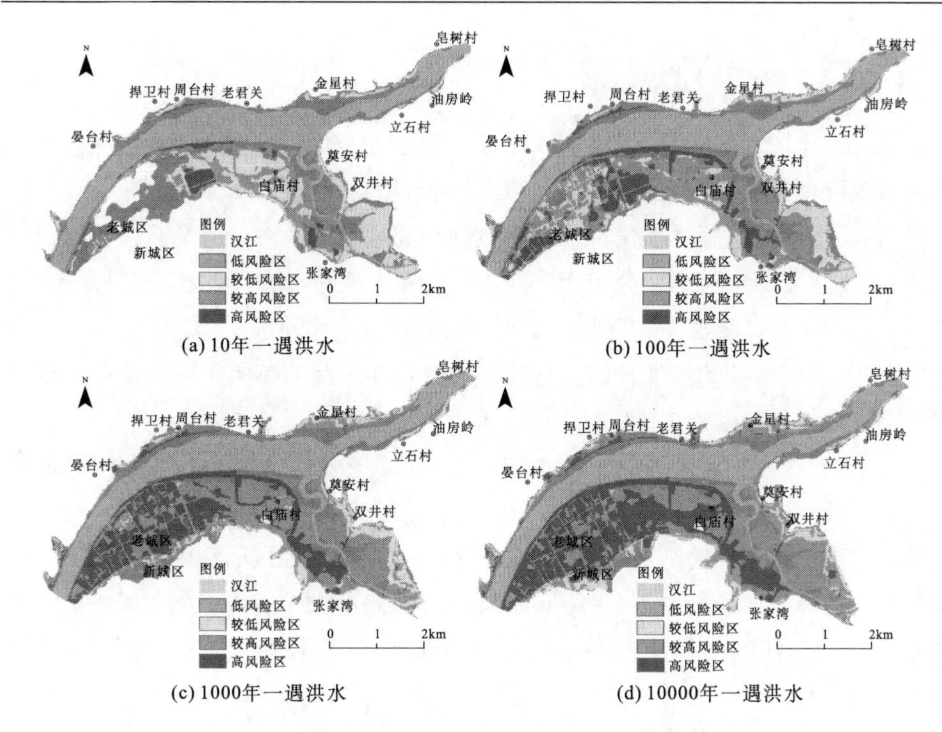

(a) 10年一遇洪水　(b) 100年一遇洪水

(c) 1000年一遇洪水　(d) 10000年一遇洪水

图 7-12　长尺度洪水序列不同重现期洪水灾害综合风险评价图

从空间上来看，不同重现期下，较高风险和高风险区仍然分布在汉江干流南岸的城区，较低风险和低风险区主要分布在汉江支流黄洋河两岸。

由此可知，汉江上游安康段总体上洪水灾害风险较大，洪水灾害风险较高的地区主要集中在汉江南岸的安康城区以及汉江干流和支流黄洋河两岸的部分村落；随着洪水重现期的增加，汉江上游安康段洪水灾害高风险区面积占其总淹没面积的比例也呈增加趋势，低风险区面积逐渐减小，且占其总淹没面积的比例也呈减小趋势，表明随着洪水灾害强度的增加，洪水灾害危险度和易损度较高的区域也不断扩大，因此，洪水灾害风险较高的区域在不断扩展。

7.4　两种尺度洪水序列灾害风险评价结果对比

依据 7.2 节和 7.3 节分别对短尺度洪水序列和长尺度洪水序列的汉江上游安康段洪水灾害风险评价结果，按照洪水灾害风险评价的内容，分别对研究区洪水灾害危险性、易损性以及风险性的评价结果进行对比分析。

1. 洪水灾害危险性评价结果对比

通过对比图 7-5 和图 7-10 可以看出，汉江上游安康段两种尺度洪水序列的洪水灾害危险性评价结果具有明显的差异，其共同特点体现在以下方面。

(1) 不同重现期下洪水灾害较高危险性和高危险性区占总淹没面积的比例都较大，超过了 50%，且集中分布于该河段干流和支流两岸的低洼地，包括周台村、金星村、白庙村、张家湾、双井村、奠安村等河流沿岸地区。

(2) 随着重现期的增加，较高危险性和高危险性区的范围不断向地势较低的南部老城区扩展。

(3) 随着洪水灾害强度的不断增加，淹没水深较大的地区面积占总淹没面积的比例不断增大，高危险性区面积不断增加，低危险性区面积基本呈减小趋势。

短尺度洪水序列的洪水灾害危险性评价中，高危险性区面积由 10 年一遇的 $203.96\times10^4\text{m}^2$ 增加到了 $742.44\times10^4\text{m}^2$，增加了 $538.48\times10^4\text{m}^2$，但低危险性区面积由 10 年一遇的 $126.08\times10^4\text{m}^2$ 减小到了 10000 年一遇的 $46.28\times10^4\text{m}^2$，减小了 $79.8\times10^4\text{m}^2$。

长尺度洪水序列的洪水灾害危险性评价中，高危险性区面积由 10 年一遇的 $220.6\times10^4\text{m}^2$ 增加到了 10000 年一遇的 $765.4\times10^4\text{m}^2$，增加了 $544.8\times10^4\text{m}^2$，但低危险性区面积由 10 年一遇的 $166.36\times10^4\text{m}^2$ 减小到了 10000 年一遇的 $47.28\times10^4\text{m}^2$，减小了 $119.08\times10^4\text{m}^2$。

但是，对比发现，汉江上游安康段两种尺度洪水序列的洪水灾害危险性评价结果还存在明显的不同，主要体现在以下方面。

(1) 不同等级洪水灾害危险性区面积不同。两种尺度洪水序列的洪水淹没范围不同，故洪水灾害危险性区面积也不同。长尺度洪水序列的洪水灾害危险性区面积大于短尺度洪水序列的洪水灾害危险性区面积。

为了更清晰地表明两种尺度洪水序列的不同等级危险区面积的变化，绘制出不同重现期汉江上游长尺度洪水序列危险性区面积与短尺度洪水序列危险性区面积的变化率(图 7-13)。

从图 7-13 可见，随着重现期的变化，与短尺度洪水序列的洪水灾害高危险性区面积相比，长尺度洪水序列的洪水灾害高危险性区面积更大；当洪水重现期为 10 年一遇和 10000 年一遇时，长尺度洪水序列的不同等级危险性区面积大于短尺度洪水序列的不同等级危险性区面积。

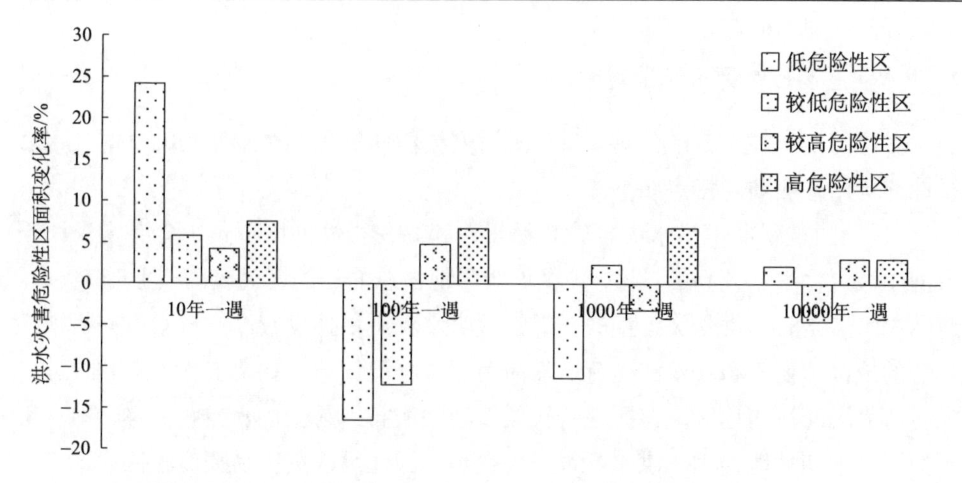

图 7-13　两种尺度洪水序列不同等级洪水灾害危险性区面积变化率

(2)不同等级危险性区面积占总淹没面积的比例不同。计算两种尺度洪水序列的不同重现期下不同等级洪水灾害危险性区面积占总淹没面积的比例变化率，能够进一步明确洪水灾害危险性的变化。

通过计算发现，随着洪水重现期从 10 年一遇增加到 10000 年一遇，短尺度洪水序列的洪水灾害高危险性区面积占洪水总淹没面积的比例从 22.07%增加到了 50.52%，增加了 28.45%，洪水灾害低危险性区面积占总淹没面积的比例从 13.64%减少到了 3.15%，减小了 10.49%；长尺度洪水序列的洪水灾害高危险区面积占洪水总淹没面积的比例从 21.85%增加到了 50.88%，增加了 29.03%，洪水灾害低危险区面积占总淹没面积的比例从 16.48%减少到了 3.14%，减小了 13.34%，表明在洪水序列中加入古洪水数据后，随着致灾洪水强度的增加，洪水淹没范围和较大淹没水深面积占总淹没面积的比例在原有基础上继续增加，洪水灾害高危险性区面积占总淹没面积比例增加的幅度和洪水灾害低危险性区面积占总淹没面积比例减小的幅度较之前更大。

以上说明在洪水序列中加入古洪水数据后，洪水淹没范围和较大淹没水深面积占总淹没面积的比例在不同洪水重现期下较之前都有所增加，故同一洪水重现期下，洪水灾害高危险性区面积占洪水总淹没面积的比例较之前基本都有增加，而低危险性区面积占总淹没面积的比例较之前都减小；同时，随着洪水重现期的增加，高危险性区占总淹没面积的比例增加的幅度和低危险性区面积占总淹没面积的比例减小的幅度较之前都更大。

2. 洪水灾害易损性评价结果对比

对比图 7-7 和图 7-11 发现，汉江上游安康段两种尺度洪水序列的洪水灾害易损性评价结果的共同特点如下。

(1) 不同重现期下洪水灾害较高易损性和高易损性的区域集中分布于汉江干流南岸城市化水平较高的城区。该区城镇用地占总面积的比例较高，且人口集中，遭遇洪水袭击时，洪水灾害损失严重，故洪水灾害易损度较高；洪水灾害易损度较低的地区主要分布在汉江支流黄洋河两岸的平坦低地，如奠安村、双井村、白庙村等靠近河流的地区，该区地势较低，河网密布，易受洪水威胁，但土地利用类型以耕地和林地为主，洪水灾害损失较小，因此洪水灾害易损度较低。

(2) 随着重现期的增加，较高易损性和高易损性区的范围不断由汉江南岸老城区向地形相对较高的新城区方向扩展。

(3) 随着洪水灾害强度的不断增加，洪水淹没水深较大的地区不断向城区扩展以及洪水淹没范围也不断向外扩展，洪水灾害高易损性区和低易损性区面积都呈增长趋势。

短尺度洪水序列的洪水灾害易损性评价中，高易损性区面积由 10 年一遇的 $114.84\times10^4\text{m}^2$ 增加到了 1000 年一遇的 $319.64\times10^4\text{m}^2$，增加了 $204.8\times10^4\text{m}^2$；低易损性区面积由 10 年一遇的 $232.84\times10^4\text{m}^2$ 增加到了 1000 年一遇的 $278.6\times10^4\text{m}^2$，增加了 $45.76\times10^4\text{m}^2$。

长尺度洪水序列的洪水灾害易损性评价中，高易损性区面积由 10 年一遇的 $160.4\times10^4\text{m}^2$ 增加到了 10000 年一遇的 $330.24\times10^4\text{m}^2$，增加了 $169.84\times10^4\text{m}^2$，低易损性区面积由 10 年一遇的 $235.16\times10^4\text{m}^2$ 增加到了 10000 年一遇的 $281.36\times10^4\text{m}^2$，增加了 $46.2\times10^4\text{m}^2$。

但是，汉江上游安康段两种尺度洪水序列的洪水灾害易损性评价结果存在不同，表现在以下方面。

(1) 不同等级洪水灾害易损性区面积不同。由于两种尺度洪水序列的洪水淹没范围不同，故洪水灾害易损性区面积也不同。对比图 7-7 和图 7-11 发现，长尺度洪水序列的洪水灾害易损性区面积大于短尺度洪水序列的洪水灾害易损性区面积。

从两种尺度洪水序列不同等级洪水灾害易损性区面积变化率(图 7-14)可以看出，不同洪水重现期下，与短尺度洪水序列的洪水灾害高易损性区面积相比，长尺度洪水序列的不同等级易损性区的面积都大于短尺度洪水序列的易损性区面积；同一洪水重现期下，也有同样的规律，且洪水灾害高易损性区变化明显，表明长尺度洪水序列的洪水灾害高易损性区在短尺度洪水序列的洪水灾害高易损性区的基础上，继续向安康城区扩展。

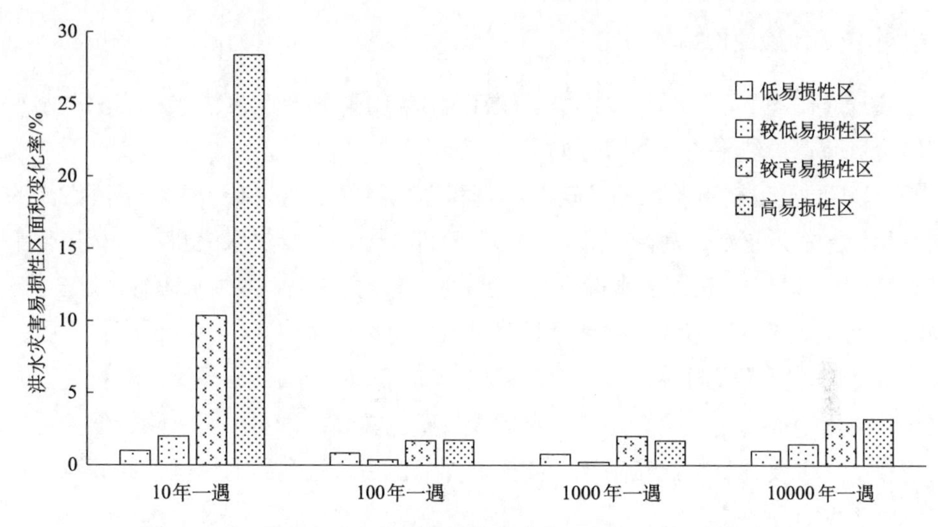

图 7-14　两种尺度洪水序列不同等级洪水灾害易损性区面积变化率

(2) 不同等级易损性区面积占总淹没面积的比例不同。计算两种尺度洪水序列的不同重现期下不同等级洪水灾害易损性区面积占总淹没面积的比例变化率，能够进一步明确不同等级洪水灾害易损性的变化。

通过计算发现，随着洪水重现期从 10 年一遇增加到 10000 年一遇，短尺度洪水序列的洪水灾害高易损性区面积占总淹没面积的比例从 12.43%增加到了 21.75%，增加了 9.32%，洪水灾害低易损性区面积占总淹没面积的比例从 25.2%减少到了 18.96%，减小了 6.24%。

长尺度洪水序列的洪水灾害高易损性区面积占总淹没面积的比例从 15.89%增加到了 21.95%，增加了 6.06%，洪水灾害低易损性区面积占洪水总淹没面积的比例从 23.29%减少到了 18.7%，减小了 4.59%，表明在洪水序列中加入古洪水数据后，洪水灾害高易损性区面积占总淹没面积比例增加的幅度和洪水灾害低易损性区面积占总淹没面积比例减小的幅度较之前有所减小。

由此可见，在洪水序列中加入古洪水数据后，同一洪水重现期下，洪水灾害高易损性区面积占总淹没面积的比例较之前都增加，低易损性区面积占总淹没面积的比例较之前都有所减小，但变化幅度均较小，表明两种尺度洪水序列对洪水灾害易损性影响相对较小；同时，随着洪水重现期的增加，高易损性区面积占总淹没面积的比例增加的幅度和低易损性区面积占总淹没面积的比例减小的幅度较之前都更小。

3. 洪水灾害风险评价结果对比

通过对比图 7-8 和图 7-12 可知，汉江上游安康段两种尺度洪水序列的洪水灾害综合风险评价结果的共同特点如下。

(1) 不同重现期下洪水灾害较高风险和高风险区主要分布于汉江干流南岸的城区。该区靠近汉江，河网密布，地形地势都较低，易受洪水威胁，且城市化水平较高，人口集中，遭遇洪水袭击时，洪水灾害损失严重，故洪水灾害风险较高。同时，汉江支流黄洋河两岸的部分村落洪水灾害风险也较高，包括白庙村、张家湾、双井村以及奠安村等，这些地区受地形和河流的影响，易受洪水侵扰，同时农村住宅用地所占面积较大，故洪水灾害风险也较高；洪水灾害风险较低的地区面积较小，主要分布在汉江干流和支流黄洋河两岸未被利用的地区，因此洪水灾害风险较低。

(2) 随着重现期的增加，较高风险和高风险区的范围不断由汉江南岸老城区向地形相对较高的新城区方向扩展，并且汉江支流黄洋河两岸洪水灾害较高风险区的面积逐渐增加。

(3) 随着洪水灾害强度的不断增加，洪水淹没水深较大的地区不断向城区以及汉江支流两岸地势较低的村镇扩展，洪水灾害高风险区面积呈增长趋势，而洪水灾害低风险区面积呈减小趋势。

短尺度洪水序列的洪水灾害风险评价中，高风险区面积由 10 年一遇的 $82.32\times10^4\text{m}^2$ 增加到了 10000 年一遇的 $457.52\times10^4\text{m}^2$，增加了 $375.2\times10^4\text{m}^2$，低风险区面积由 10 年一遇的 $43.4\times10^4\text{m}^2$ 减小到了 10000 年一遇的 $3.24\times10^4\text{m}^2$，减小了 $40.16\times10^4\text{m}^2$。

长尺度洪水序列的洪水灾害风险评价中，高风险区面积由 10 年一遇的 $50.32\times10^4\text{m}^2$ 增加到了 $484.2\times10^4\text{m}^2$，增加了 $433.88\times10^4\text{m}^2$，低风险区面积由 10 年一遇的 $5.84\times10^4\text{m}^2$ 减小到了 $2.64\times10^4\text{m}^2$，减小了 $3.2\times10^4\text{m}^2$。

汉江上游安康段两种尺度洪水序列的洪水灾害风险评价结果的不同点表现在以下方面。

(1) 洪水灾害风险区面积不同。两种尺度洪水序列的洪水淹没范围不同，故洪水灾害风险区面积也不同，长尺度洪水序列的洪水灾害风险区面积大于短尺度洪水序列的洪水灾害风险区面积。为了更清晰地表明两种尺度洪水序列的不同等级风险区面积的变化，绘制了汉江上游两种尺度洪水序列不同等级洪水灾害风险区面积变化率(7-15)。

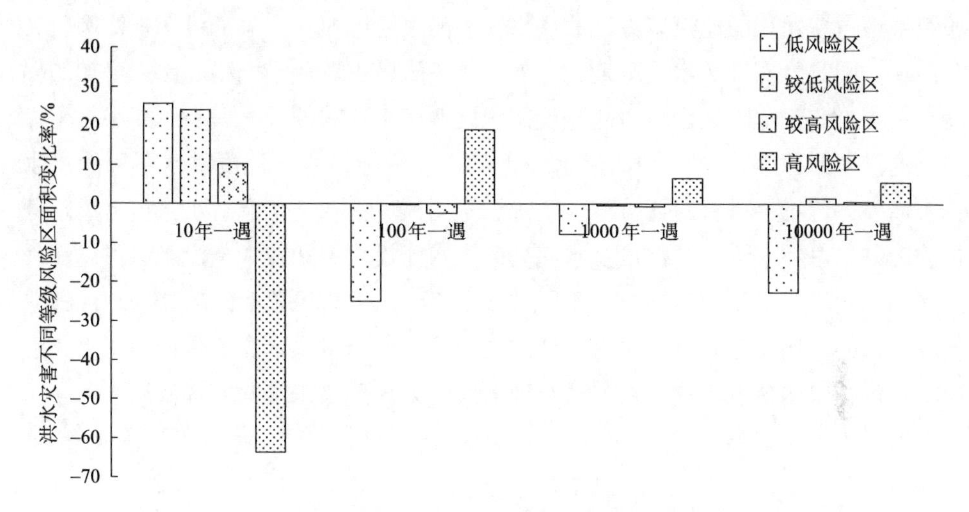

图 7-15　两种尺度洪水序列不同等级洪水灾害风险区面积变化率

图 7-15 表明在不同洪水重现期下，洪水灾害低风险区面积变化明显，长尺度洪水序列的低风险区的面积都小于短尺度洪水序列的低风险区面积。

(2)不同等级洪水灾害风险区面积占总淹没面积的比例不同。为了进一步明确不同等级洪水灾害风险性的变化，计算了两种尺度洪水序列的不同重现期下不同等级洪水灾害风险区面积占总淹没面积的变化率。

计算表明，随着洪水重现期从 10 年一遇增加到 10000 年一遇，短尺度洪水序列的洪水灾害高风险区面积占总淹没面积的比例从 8.91%增加到了 31.13%，增加了 22.22%，洪水灾害低风险区面积占总淹没面积的比例从 4.7%减少到了 0.22%，减小了 4.48%。

长尺度洪水序列的洪水灾害高风险区面积占总淹没面积的比例从 4.98%增加到了 32.19%，增加了 27.21%，洪水灾害低风险区面积占总淹没面积的比例从 0.58%减少到了 0.18%，减小了 0.4%，表明在洪水序列中加入古洪水数据后，洪水灾害高风险区面积占总淹没面积比例增加的幅度较之前有所增加，而低风险区面积占总淹没面积比例减小的幅度较之前有所减小。

由此可见，在洪水序列中加入古洪水数据后，同一洪水重现期下，洪水灾害高风险区面积占总淹没面积的比例较之前基本都有所增加，低风险区面积占洪水总淹没面积的比例较之前都有所减小，但变化幅度较小，表明同一重现期下，长尺度洪水序列的洪水灾害淹没范围和较大淹没水深占总淹没面积的比例在原有的基础上有所扩大，且扩大的方向主要是汉江南岸的城区和支流黄洋河两岸的村镇，城镇用地占总面积的比例较大，故洪水灾害高风险区面积占总淹没面积比例较之前增加；同时，随着洪水重现期的增加，高风险区占总淹没面积的比例增加的幅度有所增加和低危险区面积占总淹没面积比例减小的幅度较之前有所减小。

通过对短尺度洪水序列的洪水灾害风险评价结果与长尺度洪水序列的洪水灾害风险评价结果进行对比分析，明确了不同尺度的水文信息对洪水灾害风险评价的影响。总体来说，长尺度洪水序列的洪水淹没范围和较大淹没水深占总淹没面积的比例较之前都有所增加，不同重现期下洪水灾害风险等级较高的地区占总淹没面积的比例在原有基础上有所增加，故应用长尺度洪水序列数据的洪水灾害风险评价结果的精度更高，对选择合理的风险处理手段来消除或降低洪水灾害风险提供更可靠的依据。

7.5　汉江上游安康段防洪减灾措施

汉江上游安康段两种尺度洪水序列的洪水灾害风险评价结果表明，受洪水灾害影响最大的地区主要分布在该河段南岸地势低平、河网密布、人口密集且经济发达的安康老城区，这些地区也是汉江上游安康段防灾减灾的重点。因此，为保证研究区人民生命财产的安全和社会经济的可持续发展，依据对该河段长尺度洪水序列的洪水灾害风险评价结果，对汉江上游安康段的高风险区提出了如下降低洪水灾害风险的工程和非工程措施。

降低研究区洪灾风险的工程措施包括：

(1) 提高安康城区的防洪标准。依据长尺度洪水序列，获得了汉江上游安康段比短尺度洪水频率分析的水文信息精度，提高了该河段水文频率计算的精度，进一步提高设计洪水的精度，为防洪工程的建设提供更可靠的支撑。为此，汉江上游安康城区要适时依据长尺度洪水序列的水文频率分析结果，提高城区防洪标准。

(2) 整治汉江河道。汉江上游长年存在许多非法采沙场，过度在河道内乱挖乱采不仅破坏堤防等工程措施，影响其泄洪功能，同时也会破坏河道自身的生态环境。因此，相关执法部门应有效整治汉江上游的不正规挖沙场。

(3) 加强蓄滞洪区的管理。科学合理地运用蓄滞洪区，可有效地降低江河洪峰水位，减轻洪灾损失，避免因工程防御能力不足造成巨大损失后的不良影响。安康市的一些绿地、运动场、学校等，在特大暴雨洪水出现时，可临时作为蓄滞洪区来使用，减弱汉江泄洪压力；另外，也可以以立法形式，强制要求改建、新建小区必须规划相应容积的雨水调节池，延缓雨水，避免其过快排入河道，调节汉江洪峰流量，减轻汉江洪水压力。

降低研究区洪水灾害风险的非工程措施包括：

(1)增强安康市居民的洪水灾害风险意识。要加强对安康城区(尤指老城区)居民关于防洪减灾知识的宣传、教育、培训，开展防汛减灾警示宣传教育月活动，全面提高避险减灾和自我保护意识。

(2)做好对汉江上游安康段的雨、水情及防汛预警。首先气象局要主动向城区防汛指挥部提供中长期和短期临近天气预报及降雨实时信息，当有暴雨灾害性天气过程时要加密监测预报预警，按有关规定及时发布暴雨等灾害性天气预警信息；其次根据水情预报和安康水文站提供的泄洪流量，及时做好防汛预警工作。

(3)依据洪水灾害风险评价结果，科学规划、合理布局研究区城镇建设。洪水来临时，高风险区、较高风险区财产损失较大，不适宜搞城镇建设，已经规划建设的工业区应该迁往地势较高、风险较低的区域。安康老城区经常受洪水威胁且洪水灾害损失较大，应有计划地对安康老城进行迁移。

第 8 章　汉江上游沉积记录的历史古洪水事件的气候背景分析

随着对过去气候变化研究的不断深入，各种气候代用资料采集和应用的迅速发展，为探讨东汉和北宋时期古洪水事件的气候背景提供了可能。竺可桢[273]、施雅风等[274]、张丕远[275]、王绍武[276]、姚檀栋等[277]、洪业汤等[278]、强明瑞等[279]、张德二等[127]、葛全胜[123]、葛全胜等[280-283]、满志敏[122]、郑景云和王绍武[284]等利用历史资料和树轮、冰芯、石笋、沉积物等自然证据重建了我国过去 2000 多年的气候变化，均取得了丰硕的成果。

总结 2000 多年气候变化的研究结果可知，我国历史时期气候变化表现为冷暖、干湿交替的周期性变化。据葛全胜[123]、葛全胜等[280-283]研究，自秦朝以来，我国东中部地区(东部季风区)气候变化大致经历了 7 个阶段(图 8-1)，分别为公元前 210～公元 180 年、公元 181～540 年、公元 541～810 年、公元 811～930 年、公元 931～1320 年、公元 1321～1920 年、公元 1921～2000 年。

其中，公元前 210～公元 180 年、公元 541～810 年、公元 931～1320 年、公元 1921 年以后的 4 个阶段为暖期，分别对应我国历史上的秦朝、西汉、东汉早中期、两宋时期、民国以来的时期；公元 181～540 年、公元 811～930 年、公元 1321～1920 年 3 个阶段为冷期，分别对应我国历史上的魏晋南北朝时期、唐末五代时期、明清时期。

从 7 个阶段的冷暖交替过程来看，温度在短时间内变幅较大，如公元前 91 年～公元前 61 年至公元 1～30 年短短的百余年时间内降温速率达到每年 1.2℃。且在冷暖阶段内部，也存在较大的气候波动变化。从长时间尺度来看，我国的气候变化与全球其他地区的气候变化基本一致，存在 1350 年的周期变化，即过去 800 年以来的气候冷暖波动变化与公元 1350 年以前的 800 年气温变化极为相似。此外，据葛全胜[123]、葛全胜等[280-283]研究，过去 2000 多年气候变化与中原王朝的兴衰和游牧民族的入侵存在一定的相关性(图 8-1)。

据郑景云和王绍武[284]研究，我国东部季风区 1～2000 年总体干湿分异特征为：2～11 世纪，表现为西干东湿的分异格局；12～15 世纪，表现为东西分异与

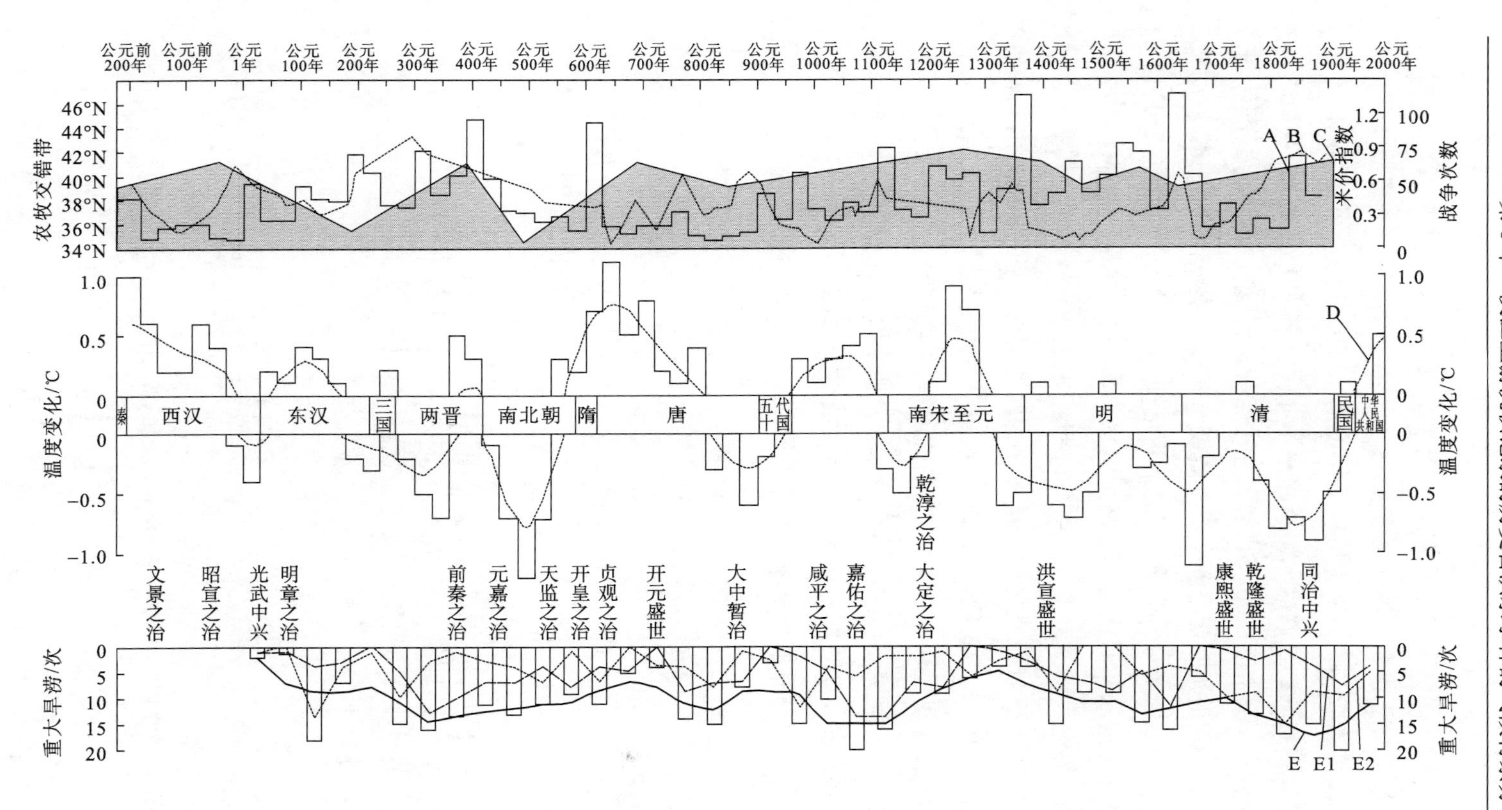

图 8-1　中国过去 2000 多年气候变化研究（据文献[123,280-283]修改）

A.每 30 年发生战争的次数；B.黄河中下游地区米价指数曲线；C.农牧交错带西段北界的变化；D.东中部地区冬半年温度变化；E.东中部地区每 50 年发生重大旱涝事件的年数（旱涝灾害 E、重大旱灾 E1 和重大涝灾 E2 的百年滑动平均）

南北分异并存的格局，但以东西分异为主；16～19 世纪主要为南北分异，且南湿北干，但是在不同区域干湿变化有所差异。

而且，由中国过去 2000 年干湿指数变化可知[123](图 8-2)，东部季风区干湿呈现周期性变化。华北地区自西汉以来逐渐变干，东汉时期干湿变化波动较大，但没有明显的趋势，东汉末年(200 年)转湿，持续到西晋前期(280 年)后变干，东晋末(413 年)变湿，南北朝后期逐渐变干，隋朝气候相对湿润，唐朝干湿波动变化，五代至北宋前期(1030 年)气候湿润，之后逐渐变干，直到南宋后期(1250 年)，南宋至元朝气候趋于湿润，明代前期湿润，1425 年转干，1530 年变湿，1575 年变湿，清朝总体较为湿润但波动变化较大，19 世纪末至 20 世纪 20 年代变干，30 年代转湿，70 年代变干。江淮地区的干湿变化为西晋偏湿，东晋偏干，南北朝转湿(430 年)，中后期变干，隋唐偏湿，五代北宋初年(990 年)湿润，北宋至南宋中后期波动变干，南宋后期至元末总体偏湿，明初湿润，1430 年变干，1545 年变湿，1610 年至明末偏干，清朝总体湿润，清末变干，20 世纪 50 年代变湿，20 世纪末变干。江南地区魏晋南北朝时期总体偏干，隋唐波动变化，唐后期(850 年)变干，五代、两宋时期偏干，南宋后期变湿，并一直持续到 20 世纪末。

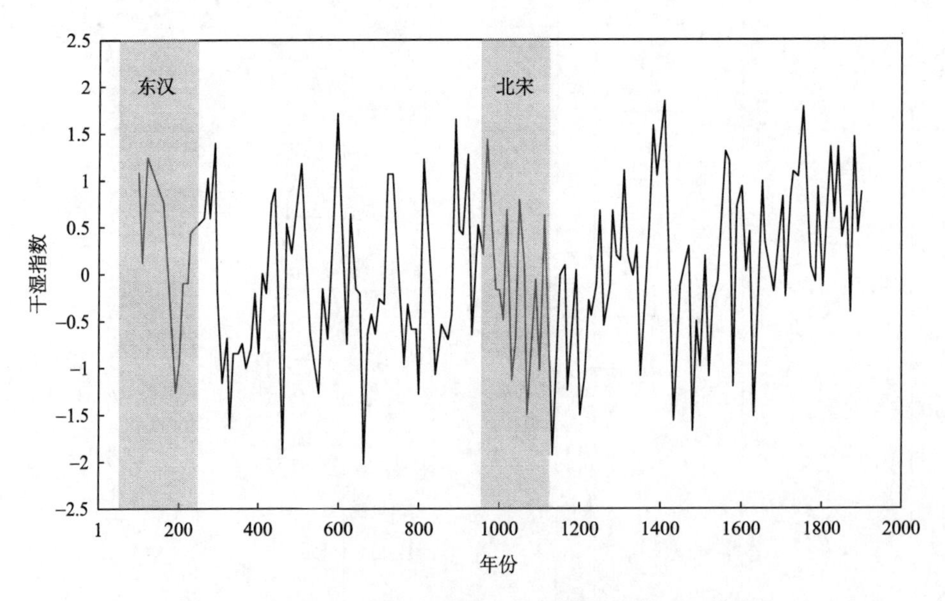

图 8-2 中国过去 2000 年干湿指数变化(据文献[123]修改)

8.1　东汉时期古洪水事件的气候背景分析

东汉时期(25～220 年)在我国过去 2000 年气候变化中是一个气候异常与波动变化的时期。

根据历史文献记载[122,282]，两汉之际(公元前 45～公元 30 年)，气候恶化。建武二年(26 年)冬，“赤眉入安定、北地。至阳城，逢大雪，士多冻死”。故王莽诏曰“即位以来，阴阳未和……谷稼鲜耗，百姓苦饥”，这说明在两汉之交的时候，我国中东部地区的气候已经恶化。

东汉中期(30～180 年)，我国中东部地区的气温有所回升，冬半年平均气温较今高约 0.2℃，但却没有特别温暖的年份。《后汉书》记载[224]，张堪任渔阳太守时(建武十四年至二十二年，38～46 年)在狐奴(今北京顺义县)开稻田八千余顷，这说明此时间段温度有所回升，气候有所好转。张衡(78～139 年)在《南都赋》中记载了当时柑橘种植的北界在今河南邓县和湖北襄阳附近，两地与现在柑橘种植的北界相比，明显偏北，表明比现在稍暖。东汉桓、灵二帝时期(146～189 年)洛阳柳树飘絮的时间为 4 月 16 日左右，而现在洛阳柳树飘絮的时间为 4 月 20 日，野菊盛开的时间为 10 月 17 日，现在为 10 月 14 日，对比可知，此时间段物候明显具有春早秋晚的特点，比现在稍暖[122,123]。

东汉晚期(180～220 年)气候转冷，当时我国东中部地区较今低约 0.2℃。东汉光和六年(183 年)记载北海、东莱、琅琊(今烟台、潍坊、临沂地区)井中冰厚尺余。井中封冻，且到了冰尺余的程度，可见温度之低。建安十三年(208 年)，周瑜曰：“舍鞍马，杖舟楫，与吴越争衡，本非中国所长。又今盛寒，马无藁草……不习水土，必生疾病”[122,123]。这说明公元 208 年气候已经恶化，冬季长江流域气温较低[128,248]。《述异记》也记载[122]，桓、灵二帝时间“花而复落，落而复花”，这说明东汉后期气候波动变化，极不稳定。

在温度波动变化的同时东汉时期干湿波动变化也较大。由图 8-2 可知，东汉中期干湿变化不大，然而在东汉末期几十年的时间内，干湿指数变化剧烈，在 180 年左右干湿指数降到最低，之后干湿指数迅速上升[128]，这说明东汉末年气温降低的同时伴随剧烈的干湿变化，以至于出现桓、灵二帝时期“花而复落，落而复花”的现象。由图 8-3 可知，东汉时期是过去 2000 多年我国东部地区极端旱涝灾害的高发期，华北、江淮及江南地区均发生多次极端旱涝事件。

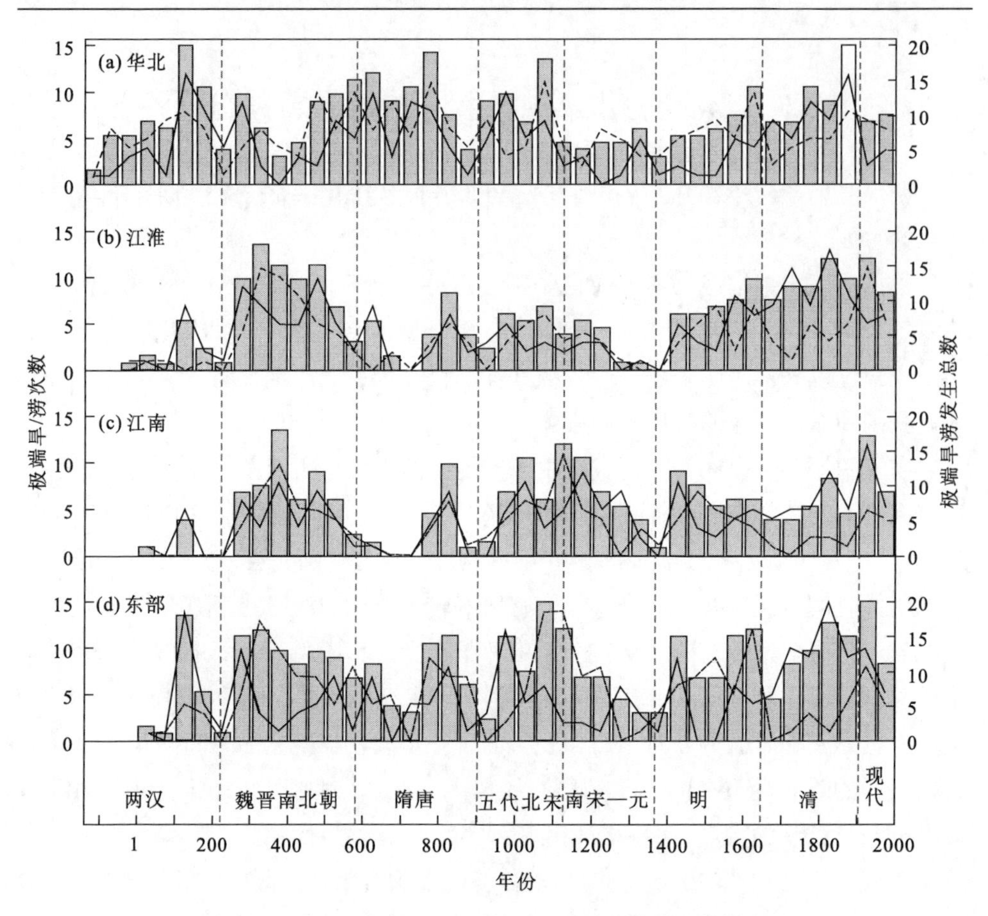

图 8-3　1～2000 年中国东部地区每 50 年极端旱涝次数变化

实线：重大洪涝年；虚线：重大干旱年；灰柱：旱涝出现总年数

此外，自然证据也能证明东汉时期气候的异常波动变化，且在波动变化中逐渐趋冷。广东潮州贾里 E2 钻孔（^{14}C 测年为 2120±90a B.P.）的样品反映出温暖的气候特征，这与西汉时期的温暖气候特征相对应[122,123]。广东新会荷塘腐木层中有许多水松（^{14}C 测年为 2050±100a B.P.）被冻死的化验结果，验证了公元前 1 世纪气候波动结论[122,123]。神农架大九盆地在 2100a B.P.的西汉中期和 1950a B.P.的两汉之交期间有寒冷事件[122,123]。北京山前平原和山间盆地的中的古土壤表明，2100a B.P.（公元前 150 年）气温下降[122,123]。内蒙古的岱海老虎山和大青山古土壤剖面显示，在两层古土壤（上层为 1840±70a B.P.，下层为 1970±70a B.P.）之间有黄土堆积，这说明在东汉时期（25～220 年）气候恶化，冬季风加强，古土壤发育中断，取而代之的是黄土堆积。此外，小兴安岭、吉林金川、内蒙古中部的察素齐

泥炭层的 $\delta^{13}C$、氧同位素、孢粉等自然证据证明秦汉时期气候总体偏暖，东汉时期气候逐渐恶化的趋势[122,123]。

根据对东汉时期古洪水事件的考证研究，汉江上游沉积记录中的东汉古洪水事件可能为记录中建安二年(197 年)九月洪水，由东汉时期的气候背景可知，历史文献记载和自然证据均能证明东汉后期气候波动变化剧烈，气温和降水在短时间内变化剧烈；而温度和降水的时空分布变化可能导致极端水文事件的频繁发生，因此东汉后期极端旱涝灾害事件频发。而汉江上游沉积记录中的东汉时期古洪水事件，正是在气候异常波动变化的背景下发生的，它是河流水文系统对于气候异常变化的即时响应。

8.2　北宋时期古洪水事件的气候背景分析

在欧洲各地，900 年一般是中世纪暖期的开始，但在我国却延续了唐末五代以来的寒冷气候。例如，史书记载天复三年(903 年)“三月，浙西大雪，平地三尺余”“十二月，又大雪，江海冰”，这说明 10 世纪初我国还处在寒冷的气候中。但到了五代后期，气温略有回暖。陈家其等[285]重建的江苏近 2000 年气候变化表明五代后期虽然温度不高，但已经有变暖的趋势。960～1110 年的 150 年间，开封地区的暖冬记载达 47 年之多，约占三分之一，如大中祥符二年(1009 年)记载“京师冬温，无冰”、治平元年(1064 年)记载“自冬无雪，大寒不效”、元祐六年(1091 年)正月刘挚上奏“去年十月至今，并无雨雪，骄阳肆虐”[122]。由此可知，北宋建立之后，气候趋暖，与唐末五代时期大不相同，经常出现冬天无雪的天气，且有大量皇帝祈雪的记录。满志敏[122]等研究证明，11 世纪我国亚热带北界大约北移了 1 个纬度。

满志敏[122]根据王绍武的寒暖指数思想对 960～1109 年开封地区的寒暖指数进行了量化，得出 10 世纪 80 年代累计寒指数为–3.0，是 150 年间(公元 960～1109 年)气候最为寒冷的阶段，这说明 10 世纪 80 年代气候发生突变，并出现了北宋时期第一个冷期。由图 8-4 可知，在 10 世纪 80 年代温度波动变化剧烈，在该时间段内出现两个极值，干湿变化由湿趋干。我国广大东部地区冬季气温变化具有一致性，因此北宋时期的气候变化对于汉江上游也具有一定的参考价值。

葛全胜[123]根据历史文献记载中的冷暖与物候信息研究指出，北宋气温变化由唐末五代时期的较冷转变为北宋中后期的温暖，且气温变化剧烈[图 8-5(a)]。姚檀栋等[277]通过对古里雅冰芯中 $\delta^{18}O$ 含量及冰川积累量研究了我国 1～2000 年

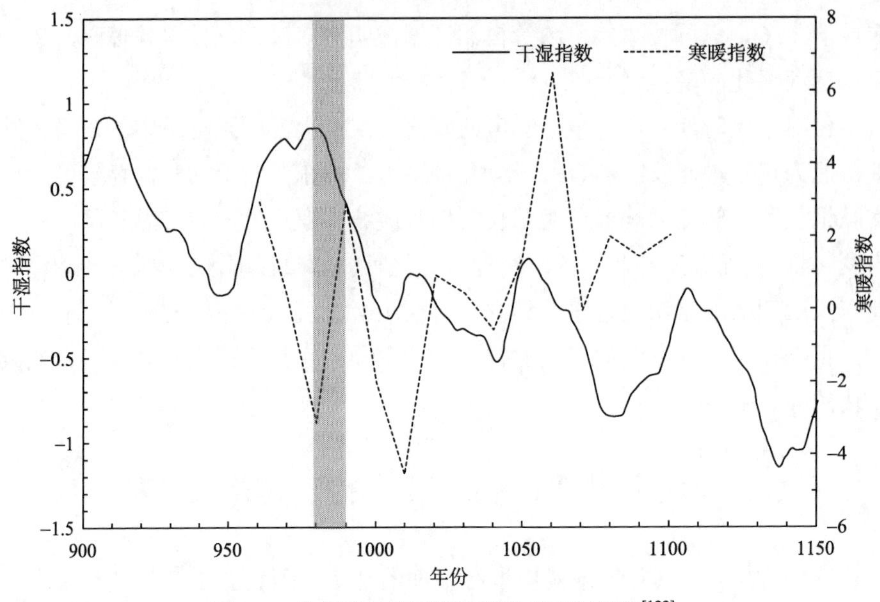

图 8-4　北宋开封地区寒暖指数和干湿指数[122]

来的气候变化，指出北宋时期 $\delta^{18}O$ 含量处于波动变化中，说明北宋夏季风不稳定[图 8-5(b)]。张美良等[286]对贵州荔波董哥洞及龙泉洞中高分辨率石笋记录的 1～2000 年气候变化研究中指出，在 1800～1080a B.P.东亚冬季风缓慢减弱，东亚夏季风有所回升[图 8-5(d)]。李偏等[288]基于湖北神农架犀牛洞石笋研究了我国 1～2000 年来东亚季风强度的变化，其中石笋记录的 $\delta^{18}O$ 对应的北宋时期波动变化剧烈，疑似存在明显的水旱灾害交替频繁的现象[图 8-5(e)]。这说明北宋时期(960～1127 年)在我国 1～2000 年气候变化演变中恰恰就处在这样一个冷暖与干湿变化的过渡时期。此外，杨保等[287]通过对都兰树轮 10 年尺度的气候变化研究了我国 1～2000 年来的气候演变，在 900～960 年间，都兰树轮指数以突变方式上升了 0.74，10 世纪 60 年代之后，树轮指数距平呈阶梯状趋向于负值，且 10 世纪 80 年代前后树轮距平指数下降幅度较大，这说明气候发生突变[图 8-5(c)]。童国榜等[289]在过去 3000 年安徽龙感湖降水的变化研究中，发现北宋 10 世纪 80 年代前后年降水量出现了极小值。而且，《宋史》[249]记载，北宋都城开封一带在 10 世纪 80 年代前后气温骤降，寒冷事件的记载次数较多，仅 980～990 年的 10 年间，寒冷事件的记载就有 7 次之多，如《宋史・五行志》[249]记载太平兴国七年(982 年)“三月，宣州(今安徽宣城)霜雪害桑稼”；《宋史・太宗本纪》[249]记载雍熙二年(985 年)“十二月，南康军(今江西星子县、安义县、都昌县)言，雪降三尺，大江冰合，可胜重载”；等等，说明该时期气候不稳定，变化剧烈。

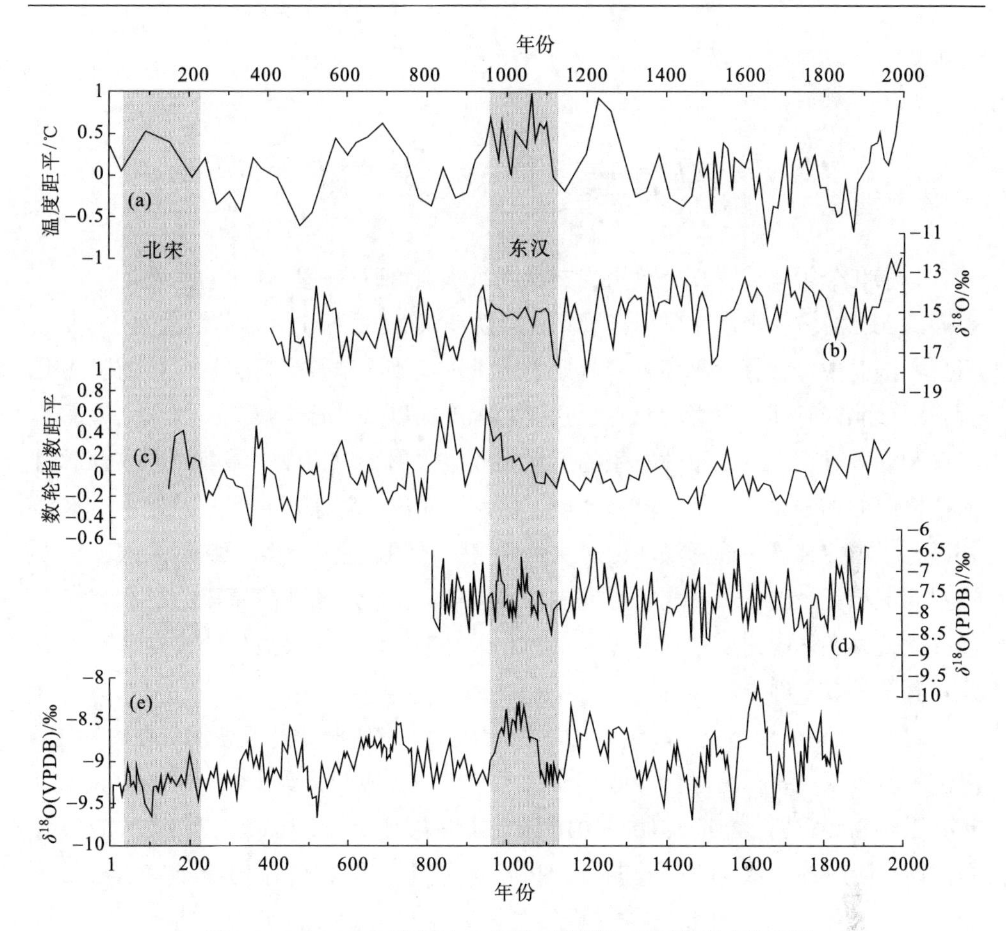

图 8-5　1～2000 年我国东中部地区温度与干湿状况变化序列

(a)我国东中部地区 1～2000 年来温度变化[123]；(b)古里雅冰芯中 $\delta^{18}O$ 含量[277]；(c)都兰树轮指数距平变化[287]；(d)龙泉洞 L2 石笋 $\delta^{18}O$ 含量[286]；(e)犀牛洞 SN 石笋 $\delta^{18}O$ 含量[288]

根据前文古洪水的考证研究可知，汉江上游沉积记录中的北宋时期古洪水可能为北宋太平兴国七年(982 年)六月的洪水事件。对北宋时期气候变化分析表明，北宋时期是我国气候变化的过渡时期；10 世纪 80 年代左右北宋气候发生突变，为极端旱涝灾害事件的高发期，华北、江淮、江南和东部地区均出现极端洪水事件的峰值(图 8-3)。由此得出，北宋太平兴国七年(982 年)六月的洪水事件正是在气候突变的背景之下发生的，是对气候突变的即时响应。

第9章 研究结论

本书在分析统计汉江上游历史文献中洪水灾害时空变化规律的基础上，通过整理汉江上游古洪水水文学研究成果，发现在汉江上游T1阶地前沿的黄土-古土壤沉积剖面中，含有东汉和北宋时期的古洪水痕迹。结合分析文献记载的汉江上游东汉、北宋时期洪水影响范围、强度和程度，以及结合洪痕沉积规律，考证了东汉和北宋时期古洪水事件发生的可能年代；采用HEC-RAS模型，选取合适的河槽横断面和糙率，从恒定流和非恒定流两个角度，对东汉和北宋时期古洪水事件进行了模拟计算；选择汉江上游洪水灾害严重的安康段，结合实测洪水、历史洪水和沉积记录的东汉和北宋时期古洪水事件，分析评价了安康段的洪水灾害风险；从气候变化的角度，分析了东汉和北宋时期古洪水事件发生的气候背景。由此，获得了以下结论。

(1)整理和分析历史文献记载的汉江上游洪水灾害时空特征表明，在时间上，汉江上游洪水灾害在公元前200年～公元779年文献记载最少，公元790～1499年处于较高频时期，公元1500～2010年处于高频时期。其中东汉和北宋时期分别是前两个阶段的洪水灾害高发期；同时，小波分析表明汉江上游洪水灾害存在2～3年、6～8年、16～18年三个周期，主周期为17年。空间分析表明，汉江上游洪水灾害空间差异性明显，发生频次以安康和汉中为中心向四周递减，存在两个高频中心和两个低频中心。

(2)整理汉江上游古洪水水文学研究成果发现，汉江上游T1阶地前沿的黄土-古土壤沉积剖面中，LJT剖面、XTC-B剖面、LJZ剖面、TJZ剖面、QF-B剖面和LWD-A剖面等6个沉积剖面上部存在古洪水SWD，通过地层年代框架对比、文化遗物考古、OSL测年等方法，在时间上确定记录了东汉时期(25～220年)古洪水事件；同样，汉江上游T1阶地前沿的LSC-B剖面、YJP剖面、SJH剖面、GXHK剖面和MTS剖面等5个沉积剖面上部的古洪水SWD，记录了北宋时期(960～1127年)古洪水事件。

(3)统计汉江上游秦朝至隋朝(公元前221年～公元618年)期间历史洪水发生次数发现，东汉时期洪水灾害最多，说明东汉时期为洪水灾害的频发时期，并且东汉中期和末期的洪水灾害记录比较多，洪水灾害主要发生在夏秋季节；在对汉江上游东汉时期洪水灾害等级划分为轻度、中度、重度的基础上，重点分析东汉时期重度洪水灾害的影响范围、强度和程度，并结合洪痕沉积规律，在时间上考证认为汉江上游6个沉积剖面记录的东汉时期古洪水事件可能是东汉建安二年(197年)九月的一次特大洪水事件。

同时，统计汉江上游唐朝至元朝(618～1368年)期间历史洪水发生次数发现，在此期间北宋是洪水灾害发生频次最多的朝代，并且北宋前期和后期的洪水灾害记录比较多，主要发生在夏秋季节；依据北宋时期洪水灾害的记载，将北宋时期洪水灾害划分为弱灾、轻灾、中灾和重灾四个等级，对重灾从洪水灾害分布范围、严重程度和影响方面结合洪痕沉积规律分析，在时间上考证认为汉江上游5个沉积剖面记录的北宋时期古洪水事件可能是北宋太平兴国七年(982 年)六月的一次特大洪水事件。

(4)依据记录汉江上游东汉和北宋时期古洪水事件沉积剖面的空间分布状况和集中性，以汉江上游郧西县至郧阳区之间河段作为研究河段，确定适当的横断面、边界条件、糙率、收缩扩张系数等水文参数，采用HEC-RAS模型的恒定流模块，分别对记录东汉和北宋古洪水事件沉积剖面的古洪水 SWD 进行了水面线模拟计算，计算得到的洪峰流量分别为60800m^3/s和57500m^3/s。模拟水位与采用“古洪水 SWD 厚度与含沙量关系法”恢复的洪水位误差分别在–0.18%～0.25%和–0.31%～0.34%之间；同时采用HEC-RAS模型的非恒定流模块，按照同倍比放大原则，对东汉时期古洪水进行了演进模拟研究，表明东汉古洪水演进历时约为3h，洪峰流量削减1.43%；北宋古洪水演进历时约1.15h，洪峰流量削减了不到1%。

分析汉江上游暴雨特征发现，汉江上游的暴雨中心主要在安康段上游的米仓山和大巴山区，说明选取安康段下游的湖北省郧西县至郧阳区之间近50km的河段作为研究河段进行流量模拟计算是适合的。采用相同的河槽横断面、水文参数和水文模型，模拟得到的1983年洪水位与在各剖面及其附近发现的洪痕水位相比较，误差也小于0.25%，说明用于洪水模拟计算选取的河槽横断面和水文参数准确、可靠；同时，基于相同的地形数据和水文参数，采用MIKE11软件对东汉和北宋时期古洪水事件进行了演进模拟研究，模拟结果与HEC-RAS模拟东汉和北宋时期古洪水事件的水位和流量序列的确定性系数(R^2)均大于0.95，误差相差不大，两者相互验证。这说明基于HEC-RAS模型对于东汉和北宋古洪水事件的演进模拟是可靠的、合理的。同时，也从洪水模拟计算的角度表明汉江上游沉积记录的东汉时期古洪水事件可能为一次特大历史洪水事件。

(5)选取汉江上游洪水灾害最严重的安康段为研究河段，以实测洪水序列、调查历史洪水数据，以及考证的东汉和北宋时期古洪水事件，计算不同尺度的洪水频率，发现仅依靠有限实测洪水与历史洪水数据系列外延得出的 100 年、1000 年和 10000 年一遇洪水的洪峰流量明显小于加入古洪水数据计算的洪峰流量结果，外延的设计洪水成果偏小，这突出了对汉江上游安康段基于不同时间尺度洪水序列的洪水灾害风险评价的必要性。

分别对汉江上游安康段进行实测洪水+历史洪水序列（短尺度洪水序列）和实测洪水+历史洪水+古洪水序列（长尺度洪水序列）的洪水灾害风险评价结果对比分析，表明两种时间尺度洪水序列下的洪水灾害高危险性区、高易损性区和高风险区的分布位置一致，洪水灾害高危险性区集中分布在汉江干流和支流两岸的低洼地，包括周台村、金星村、白庙村、张家湾、双井村、奠安村等河流沿岸地；洪水灾害高易损性区集中分布在汉江干流南岸城市化水平较高且人口数量多的城区；洪水灾害高风险区主要分布于汉江干流南岸的城区以及支流黄洋河两岸的部分村落。

随着洪水重现期的从 10 年一遇增加到 10000 年一遇，基于两种时间尺度洪水序列的高危险性区、高易损性区和高风险区占总淹没面积的比例增加，长尺度洪水序列的高危险性区由 21.85%增加到了 50.88%，增加了 29.03%，高易损性区由 15.89%增加到了 21.95%，增加了 6.06%，高风险区由 4.98%增加到了 32.19%，增加了 27.21%；短尺度洪水序列的高危险性区由 22.07%增加到了 50.52%，增加了 28.45%，高易损性区由 12.42%增加到了 21.75%，增加了 9.33%，高风险区由 8.91%增加到了 31.13%，增加了 22.22%。

同一洪水重现期下，长尺度洪水序列的洪水灾害高危险性区、高易损性区和高风险区面积占总淹没面积的比例基本都大于短尺度洪水序列的洪水灾害高危险性区、高易损性区和高风险区面积占总淹没面积的比例，洪水重现期分别为 10 年一遇、100 年一遇、1000 年一遇和 10000 年一遇时，前者较后者洪水灾害危险性区占总淹没面积比例增加的幅度分别为–0.22%、1.97%、2.44%和 0.36%；前者较后者洪水灾害易损性区占总淹没面积比例增加的幅度分别为 3.46%、0.12%、0.09%和 0.2%；前者较后者洪水灾害风险区占总淹没面积比例增加的幅度分别为–3.93%、2.58%、1.37%和 1.06%。这表明同一重现期下，长尺度洪水序列的洪水灾害高风险区范围更大，说明汉江上游安康段潜在洪水灾害威胁大，应提供汉江上游安康段的洪水灾害风险的防洪减灾措施。

(6) 分析东汉和北宋古洪水事件的气候背景表面，东汉时期气候波动变化，特别是东汉后期（180～220 年），气候异常，其温度和干湿均发生剧烈变化；北宋时期是我国过去近2000年气候变化的一个转折时期，尤其是10世纪80年代，气候发生突变。通过对过去近2000年极端旱涝灾害事件发生次数来看，东汉后期和北宋10世纪80年代都是极端水文事件的频发期。由此证明，古洪水事件多发生在气候波动和气候异常突变时期。汉江上游沉积记录的东汉和北宋时期的古洪水事件，正是发生在气候波动和突变的背景之下，是河流水文系统对于当时气候异常多变的瞬时响应。

参 考 文 献

[1] 廖永丰, 聂承静, 杨林生, 等. 洪涝灾害风险监测预警评估综述[J]. 地理科学进展, 2012, 31(3): 361-367.

[2] 李志, 刘文兆, 郑粉莉. 1965 年至 2005 年泾河流域极端降水事件的变化趋势分析[J]. 资源科学, 2010, 32(8): 1527-1532.

[3] 吴吉东, 傅宇, 张洁, 等. 1949—2013 年中国气象灾害灾情变化趋势分析[J]. 自然资源学报, 2014, 29(9): 1520-1530.

[4] 沈永平, 王国亚. IPCC 第一工作组第五次评估报告对全球气候变化认知的最新科学要点[J]. 冰川冻土, 2013, 35(5): 1068-1076.

[5] 陈活泼. CMIP5 模式对 21 世纪末中国极端降水事件变化的预估[J]. 科学通报, 2013, 58(8): 743-752.

[6] 周天军, 赵宗慈. 20 世纪中国气候变暖的归因分析[J]. 气候变化研究进展, 2007, 3(z1): 82-86.

[7] 封志明, 唐焰, 杨艳昭, 等. 中国地形起伏度及其与人口分布的相关性[J]. 地理学报, 2007, 62(10): 1073-1082.

[8] 武汉水利电力学院《中国水利发展史》编写组. 《管子•度地篇》是我国现存早的水利技术理论著作[J]. 力学学报, 1977, (3): 230-233, 242.

[9] 周述椿. 四千年前黄河北流改道与鲧禹治水考[J]. 中国历史地理论丛, 1994, (1): 71-83.

[10] 王培君. 古代水利工程价值及其当代启示[J]. 华北水利水电学院学报(社科版), 2012, 28(4): 13-16.

[11] 徐向阳. 水灾害[M]. 北京: 中国水利水电出版社, 2006.

[12] 原国家科委国家计委国家经贸委自然灾害综合研究组. 中国自然灾害综合研究的进展[M]. 北京: 气象出版社, 2009.

[13] 武传号. 气候变化对北江流域典型洪涝灾害高风险区防洪安全的影响研究[D]. 广州: 华南理工大学, 2015.

[14] 中国气象局国家气候中心. 98 中国大洪水与气候异常[M]. 北京: 气象出版社, 1998.

[15] 张也成. 中国洪水灾害的地质因素与减灾对策建设[A]//国家科委国家计委国家经贸委自然灾害综合研究组, 中国可持续发展研究会减灾专业委员会. 中国长江 1998 年大洪灾反思及 21 世纪防洪减灾对策[C]. 北京: 海洋出版社, 1998.

[16] 张辉, 许新宜, 张磊, 等. 2000-2010 年我国洪涝灾害损失综合评估及其成因分析[J]. 水利经济, 2011, 29(5): 5-9, 71.

[17] 国家防办. 2011 年全国洪涝灾害情况[J]. 中国防汛抗旱, 2012, 22 (1): 26.

[18] 闫淑春. 2012 年全国洪涝灾害情况[J]. 中国防汛抗旱, 2013, 23(1): 17, 79.

[19] 闫淑春. 2013 年全国洪涝灾情[J]. 中国防汛抗旱, 2014, 24(1): 18-19, 36.
[20] 张葆蔚. 2014 年全国洪涝灾情[J]. 中国防汛抗旱, 2015, 25(1): 19-20, 38.
[21] 张葆蔚. 2015 年洪涝灾情综述[J]. 中国防汛抗旱, 2016, 26(1): 24-26.
[22] 李文浩. 汉江上游流域水文特性分析[J]. 水资源与水工程学报, 2004, 15(2): 54-58.
[23] 彭维英, 殷淑燕, 朱永超, 等. 历史时期以来汉江上游洪涝灾害研究[J]. 水土保持通报, 2013, 33(4): 289-294.
[24] 曹丽娟, 董文杰, 张勇. 未来气候变化对黄河和长江流域极端径流影响的预估研究[J]. 大气科学, 2013, 37(3): 634-644.
[25] 丁志雄, 叶梓川. 缺少水文资料的中小河流洪水风险计算模型与方法[J]. 中国防汛抗旱, 2012, 22(6): 54-57.
[26] 史辅成, 易元俊, 慕平. 黄河历史洪水调查、考证和研究[M]. 郑州: 黄河水利出版社, 2002.
[27] 骆承政. 中国历史大洪水[M]. 北京: 中国书店, 1996.
[28] Baker V R. Palaeoflood hydrology in a global context[J]. Catena, 2006, 66(1-2): 161-168.
[29] Kochel R C, Baker V R. Palaeoflood hydrology[J]. Science, 1982, 215: 353-361.
[30] Benito G, Thorndycraft V R, Rico M, et al. Palaeoflood and floodplain records from Spain: evidence for long-term climate variability and environmental changes[J]. Geomorphology, 2008, 101(1): 68-77.
[31] Stokes M, Griffiths J S, Mather A. Palaeoflood estimates of pleistocene coarse grained river terrace landforms (Río Almanzora, SE Spain) [J]. Geomorphology, 2012, 149-150: 11-26.
[32] Thorndycraft V R, Benito G. The Holocene fluvial chronology of Spain: evidence from a newly compiled radiocarbon database[J]. Quaternary Science Reviews, 2006, 25(3): 223-234.
[33] Brown S L, Bierman P R, Lini A, et al. 10000 yr record of extreme hydrologic events[J]. Geology, 2000, 28(4): 335-338.
[34] 杨达源, 谢悦波. 黄河小浪底段古洪水沉积与古洪水水位的初步研究[J]. 河海大学学报, 1997, 25(3): 86-89.
[35] 朱诚, 马春梅, 王慧麟, 等. 长江三峡库区玉溪遗址 T0403 探方古洪水沉积特征研究[J]. 科学通报, 2008, 53(z1): 1-16.
[36] 谢悦波, 王井泉, 李里. 2360aBP古洪水对小浪底设计洪水的作用[J]. 水文, 1998, (6): 18-23.
[37] Zha X C, Huang C C, Pang J L. Palaeofloods recorded by slackwater deposits on the Qishuihe River in the Middle Yellow River[J]. Journal of Geographical Sciences, 2009, 19(6): 681-690.
[38] Huang C C, Pang J L, Zha X C, et al. Extraordinary floods of 4100−4000 a BP recorded at the Late Neolithic Ruins in the Jinghe River Gorges, middle reach of the Yellow River, China[J]. Palaeogeography Palaeoclimatology Palaeoecology, 2010, 289(1-4): 1-9.
[39] Huang C C, Pang J L, Zha X C, et al. Extraordinary floods related to the climatic event at 4200 a BP on the Qishuihe River, middle reaches of the Yellow River, China[J]. Quaternary Science Reviews, 2011, 30: 460-468.
[40] Huang C C, Pang J L, Zha X C, et al. Sedimentary records of extraordinary floods at the ending

of the mid-Holocene climatic optimum along the Upper Weihe River, China[J]. The Holocene, 2011, 22(6): 675-686.

[41] Huang C C, Pang J L, Zha X C, et al. Holocene palaeoflood events recorded by slackwater deposits along the lower Jinghe River valley, middle Yellow River basin, China[J]. Journal of Quaternary Science, 2012, 27(5): 485-493.

[42] Zha X C, Huang C C, Pang J L, et al. Sedimentary and hydrological studies of the Holocene palaeofloods in the middle reaches of the Jinghe River[J]. Journal of Geographical Sciences, 2012, 22(3): 470-478.

[43] Liu T, Huang C C, Pang J L, et al. Extraordinary hydro-climatic events during 1800-1600 yr BP in the Jin-Shaan Gorges along the middle Yellow River, China[J]. Palaeogeography Palaeoclimatology Palaeoecology, 2014, 410: 143-152.

[44] Li X G, Huang C C, Pang J L, et al. Sedimentary and hydrological studies of the Holocene palaeofloods in the Shanxi-Shaanxi Gorge of the middle YellowRiver, China[J]. International Journal of Earth Science, 2014, 104: 277-288.

[45] Fan L J, Huang C C, Pang J L, et al. Sedimentary records of palaeofloods in the Wubu Reach along the Jin-Shaan gorges of the middle Yellow River, China[J]. Quaternary International, 2015, 380-381: 368-376.

[46] Zhang Y Z, Huang C C, Pang J L, et al. Holocene palaeoflood events recorded by slackwater deposits along the middle Beiluohe River valley, middle Yellow River basin, China[J]. Boreas, 2015, 44: 127-138.

[47] Zhao X R, Huang C C, Pang J L, et al. Holocene climatic events recorded in palaeoflood slackwater deposits along the middle Yiluohe River valley, middle Yellow River basin, China[J]. Journal of Asian Earth Sciences, 2016, 123: 85-94.

[48] Hu G M, Huang C C, Zhou Y L, et al. Hydrological studies of the historical and palaeoflood events on the middle Yihe River, China[J]. Geomorphology, 2016, 274: 152-161.

[49] 查小春, 黄春长, 庞奖励. 关中西部漆水河全新世特大洪水与环境演变[J]. 地理学报, 2007, 62(3): 291-300.

[50] 姚平, 黄春长, 庞奖励, 等. 北洛河中游黄陵洛川段全新世古洪水研究[J]. 地理学报, 2008, 63(11): 1198-1206.

[51] 李瑜琴, 黄春长, 查小春, 等. 泾河中游龙山文化晚期特大洪水水文学研究[J]. 地理学报, 2009, 64(5): 541-552.

[52] 万红莲, 黄春长, 庞奖励, 等. 渭河宝鸡峡全新世特大洪水水文学研究[J]. 第四纪研究, 2010, 30(2): 430-440.

[53]朱向锋, 黄春长, 庞奖励, 等. 渭河天水峡谷全新世特大洪水水文学研究[J]. 地理科学进展, 2010, 29(7): 840-846.

[54]李晓刚, 黄春长, 庞奖励, 等. 黄河壶口段全新世古洪水事件及其水文学研究[J]. 地理学报, 2010, 75(11): 1371-1380.

[55] 王夏青, 黄春长, 庞奖励, 等. 黄河壶口至龙门段全新世古洪水滞流沉积物研究[J]. 土壤通

报, 2011, 42(4): 781-787.

[56] 周芳, 查小春, 黄春长, 等. 马莲河全新世古洪水沉积学和水文学研究[J]. 地理科学进展, 2011, 30(9): 1081-1087.

[57] 赵明, 黄春长, 庞奖励, 等. 北洛河中游白水段峡谷全新世特大洪水水文学研究[J]. 自然灾害学报, 2011, 20(5): 155-161.

[58] 王娟, 黄春长, 庞奖励, 等. 渭河下游全新世古洪水滞流沉积物研究[J]. 水土保持通报, 2011, 31(5): 32-37.

[59] 王夏青, 黄春长, 庞奖励, 等. 黄河中游北洛河宜君段全新世特大洪水及其气候背景研究[J]. 湖泊科学, 2011, 23(6): 910-918.

[60] 黄春长, 庞奖励, 查小春, 等. 黄河流域关中盆地史前大洪水研究——以周原漆水河谷地为例[J]. 中国科学(地球科学), 2011, 41(11): 1658-1669.

[61] 王夏青, 黄春长, 庞奖励, 等. 北洛河宜君段全新世古洪水滞流沉积层研究[J]. 海洋地质与第四纪地质, 2011, 31(6): 137-146.

[62]张玉柱, 黄春长, 庞奖励, 等. 泾河下游古洪水滞流沉积物地球化学特征研究[J]. 沉积学报, 2012, 30(5): 900-908.

[63]黄春长, 李晓刚, 庞奖励, 等. 黄河永和关段全新世古洪水研究[J]. 地理学报, 2012, 67(11): 1493-1504.

[64]刘涛, 黄春长, 庞奖励, 等. 黄河平渡关段全新世古洪水滞流沉积物研究[J]. 水土保持通报, 2013, 33(6): 216-221.

[65] 范龙江, 黄春长, 庞奖励, 等. 黄河柳林段全新世特大洪水水文学研究[J]. 土壤通报, 2014, 45(3): 524-530.

[66] 胡贵明, 黄春长, 周亚利, 等. 黄河靖远-景泰段全新世古洪水水文事件水文指标模拟及气候背景分析[J]. 资源科学, 2015, 37(10): 2059-2067.

[67] 胡贵明, 黄春长, 周亚利, 等. 伊河龙门峡段全新世古洪水和历史洪水水文学重建[J]. 地理学报, 2015, 70(7): 1165-1176.

[68] 刘雯瑾, 黄春长, 庞奖励, 等. 黄河柳林滩段全新世古洪水滞流沉积物物源研究[J]. 水土保持学报, 2016, 30(2): 136-142.

[69]赵雪如, 黄春长, 庞奖励, 等. 黄河上游靖远金坪段全新世古洪水沉积物特征[J]. 山地学报, 2016, 34(2): 173-180.

[70] 石彬楠, 黄春长, 庞奖励, 等. 渭河上游天水东段全新世古洪水水文学恢复研究[J]. 干旱区地理, 2016, 39(3): 573-581.

[71] 刘雯瑾, 黄春长, 庞奖励, 等. 黄河马头关段全新世古洪水水文恢复及气候背景研究[J]. 干旱区地理, 2017, 40(1): 85-93.

[72] 胡迎, 黄春长, 周亚利, 等. 黄河上游洮河流域全新世古洪水水文学研究[J]. 干旱区地理, 2017, 40(5): 1029-1037.

[73] Huang C C, Pang J L, Zha X C, et al. Extraordinary hydro-climatic events during the period AD 200–300 recorded by slackwater deposits in the upper Hanjiang River valley, China[J]. Palaeogeography Palaeoclimatology Palaeoecology, 2013, 374: 274-283.

[74] Zhang Y Z, Huang C C, Pang J L, et al. Holocene paleofloods related to climatic events in the upper reaches of the Hanjiang River valley, middle Yangtze River basin, China[J]. Geomorphology, 2013, 195: 1-12.

[75] Zha X C, Huang C C, Pang J L, et al. Reconstructing the extraordinary palaeoflood events during 3200–2800 a BP in the upper reaches of Hanjiang River Valley, China[J]. Journal of Geographical Sciences, 2014, 24(3): 446-456.

[76] Wang L S, Huang C C, Pang J L, et al. Paleofloods recorded by slackwater deposits in the upper reaches of the Hanjiang River valley, middle Yangtze River basin, China[J]. Journal of Hydrology, 2014, 519: 1249-1256.

[77] Zha X C, Huang C C, Pang J L, et al. Reconstructing the palaeoflood events from slackwater deposits in the upper reaches of Hanjiang River, China[J]. Quaternary International, 2015, 380-381: 358-367.

[78] Guo Y Q, Huang C C, Pang J L, et al. Investigating extreme flood response to Holocene palaeoclimate in the Chinese monsoonal zone: a palaeoflood case study from the Hanjiang River[J]. Geomorphology, 2015, 238: 187-197.

[79] Liu T, Huang C C, Pang J L, et al. Late Pleistocene and Holocene palaeoflood events recorded by slackwater deposits in the upper Hanjiang River valley, China[J]. Journal of Hydrology, 2015, 529: 499-510.

[80] Mao P N, Pang J L, Huang C C, et al. A multi-index analysis of the extraordinary paleoflood events recorded by slackwater deposits in the Yunxi Reach of the upper Hanjiang River, China[J]. Catena, 2016, 145: 1-14.

[81] Zhou L, Huang C C, Zhou Y L, et al. Late Pleistocene and Holocene extreme hydrological event records from slackwater flood deposits of the Ankang east reach in the upper Hanjiang River valley, China[J]. Boreas, 2016, 45(4): 673-687.

[82] Guo Y Q, Huang C C, Zhou Y L, et al. Sedimentary record and luminescence chronology of palaeoflood events along the Gold Gorge of the upper Hanjiang River, middle Yangtze River basin, China[J]. Journal of Asian Earth Sciences, 2018, 156: 96-110.

[83] 查小春, 黄春长, 庞奖励, 等. 汉江上游郧西段全新世古洪水事件研究[J]. 地理学报, 2012, 67(5): 671-680.

[84] 王龙升, 黄春长, 庞奖励, 等. 汉江上游旬阳段古洪水水文学研究[J]. 陕西师范大学学报(自然科学版), 2012, 40(1): 88-93.

[85] 乔晶, 庞奖励, 黄春长, 等. 汉江上游郧县前坊段全新世古洪水水文学研究[J]. 长江流域资源与环境, 2012, 21(5): 533-539.

[86] 李晓刚, 黄春长, 庞奖励, 等. 汉江上游白河段万年尺度洪水水文学研究[J]. 地理科学, 2012, 32(8): 971-978.

[87] 王龙升, 黄春长, 庞奖励, 等. 旬阳东段汉江全新世古洪水研究[J]. 地理科学进展, 2012, 31(9): 1141-1148.

[88]虎亚伟, 庞奖励, 黄春长, 等. 汉江上游郧西段全新世古洪水水文学研究[J]. 自然灾害学报,

2012, 21(5): 55-62.

[89] 乔晶, 庞奖励, 黄春长, 等. 汉江上游郧县段全新世古洪水滞流沉积物特征[J]. 地理科学进展, 2012, 31(11): 1467-1474.

[90] 吴帅虎, 庞奖励, 黄春长, 等. 汉江上游郧县辽瓦店全新世古洪水研究[J]. 水土保持通报, 2012, 32(6): 182-186.

[91] 刘建芳, 查小春, 黄春长, 等. 汉江上游郧县尚家河段全新世古洪水水文学研究[J]. 水土保持学报, 2013, 27(2): 90-94, 149.

[92] 许洁, 黄春长, 庞奖励, 等. 汉江上游安康东段全新世古洪水沉积学与水文学研究[J]. 湖泊科学, 2013, 25(3): 445-454.

[93] 白开霞, 查小春, 黄春长, 等. 汉江上游郧县庹家洲河段全新世古洪水研究[J]. 水土保持通报, 2013, 33(4): 295-301.

[94]刘涛, 黄春长, 庞奖励, 等. 汉江上游郧县五峰段史前大洪水水文学恢复研究[J]. 地理学报, 2013, 68(11): 1568-1577.

[95] 郑树伟, 庞奖励, 黄春长, 等. 汉江上游郧县曲远河河口段全新世古洪水水文状态研究[J]. 长江流域资源与环境, 2013, 22(12): 1608-1613.

[96] 毛沛妮, 庞奖励, 黄春长, 等. 汉江上游郧西段归仙河口剖面全新世古洪水事件研究[J]. 水土保持学报, 2014, 28(2): 306-312.

[97] 郭永强, 黄春长, 庞奖励, 等. 汉江旬阳至白河段万年尺度洪水流量恢复比较研究[J]. 自然灾害学报, 2014, 23(3): 41-50.

[98] 薛小燕, 查小春, 黄春长, 等. HEC-RAS 模型在汉江上游郧县尚家河段全新世古洪水流量重建中的应用[J]. 长江流域资源与环境, 2014, 23(10): 1406-1411.

[99] 刘科, 查小春, 黄春长, 等. 基于 HEC-RAS 模型的汉江上游庹家洲河段古洪水流量重建研究[J]. 干旱区资源与环境, 2014, 28(10): 184-190.

[100]卢越, 查小春, 黄春长, 等. 汉江上游东汉时期洪水事件的文献记录[J]. 干旱区研究, 2014, 31(3): 489-494.

[101]吉琳, 庞奖励, 黄春长, 等. 汉江上游晏家棚段全新世古洪水研究[J]. 地球科学进展, 2015, 30(4): 487-494.

[102] 郑树伟, 庞奖励, 黄春长, 等. 湖北弥陀寺汉江段北宋时期古洪水研究[J]. 自然灾害学报, 2015, 24(3): 153-160.

[103] 薛小燕, 查小春, 黄春长, 等. 糙率系数对 HEC-RAS 模型重建全新世古洪水流量影响[J]. 干旱区地理, 2015, 38(2): 292-297.

[104] 查小春, 黄春长, 庞奖励, 等. 汉江上游沉积记录的东汉时期古洪水事件考证研究[J]. 地理学报, 2017, 72(9): 1634-1644.

[105] 张玉柱, 黄春长, 庞奖励, 等. 基于 HEC-RAS 模型的汉江上游旬阳西段超长尺度古水文演化重建[J]. 长江流域资源与环境, 2017, 26(5): 755-764.

[106]王光朋, 查小春, 黄春长, 等. HEC-RAS 模型在汉江上游洪水演进和流量重建中的应用[J]. 西北农林科技大学学报(自然科学版), 2017, 45(12): 129-137.

[107] 王光朋, 查小春, 黄春长, 等. 基于 HEC-RAS 模型的汉江上游东汉时期古洪水事件研究

[J]. 中山大学学报(自然科学版), 2018, 57(3): 44-53.
[108] 王光朋, 查小春, 黄春长, 等. 汉江上游沉积记录的北宋时期古洪水事件文献考证[J]. 浙江大学学报(理学版), 2018, 45(4): 488-496.
[109] 姬霖. 汉江上游东汉时期特大历史洪水考证研究[D]. 西安: 陕西师范大学, 2016.
[110] 刘嘉慧. 汉江上游北宋时期特大历史洪水考证研究[D]. 西安: 陕西师范大学, 2017.
[111] Benson M A, Dalrymple T. General Field and Office Procedures for Indirect Discharge Measurements [M]. N. Y: U. S. Geological Survey Publication Techniques of Water Resources Investigations, 1967.
[112] Wolman M G, Miller J P. Magnitude and frequency of forces in geomorphic processes[J]. The Journal of Geology, 1960, 68(1): 54-74.
[113] Mackin J H. Rational and empirical methods of investigation in geology[A]//Albritton C A. In The Fabric of Geology[C]. San Francisco: Freeman, 1963: 135-163.
[114] Tinkler K . Active valley meanders in south-central Texas and their wider implications[J]. Geological Society of America Bulletin, 1971, 82(7): 1783-1800.
[115] Sutcliffe J V. The use of historical records in flood frequency analysis[J]. Journal of Hydrology, 1987, 96(1-4): 159-171.
[116] Hosking J R M, Wallis J R. The value of historical data in flood frequency analysis [J]. Water Resources Research, 1986, 22(11): 1606-1612.
[117] Strupczewski W G, Kochanek K, Bogdanowicz E. Flood frequency analysis supported by the largest historical flood[J]. Natural Hazards and Earth System Sciences, 2013, 1(6): 6133-6153.
[118] 陈高佣. 中国历代天灾人祸年表[M]. 上海: 商务印书出版社, 1939.
[119] 邓云特. 中国救荒史[M]. 上海: 生活·读书·新知三联书店, 1958.
[120] 袁林. 西北灾荒史[M]. 兰州: 甘肃人民出版社, 1994.
[121] 王绍武, 黄建斌. 全新世中期的旱涝变化与中华古文明的进程[J]. 自然科学进展, 2006, 16(10): 1238-1244.
[122] 满志敏. 中国历史时期气候变化研究[M]. 济南: 山东教育出版社, 2009.
[123] 葛全胜. 中国历朝气候变化[M]. 北京: 科学出版社, 2011.
[124] 中国社会科学院历史研究所资料编纂组. 中国历代自然灾害及历代盛世农业政策资料[M]. 北京: 农业出版社, 1988.
[125] 张波, 冯风, 张纶, 等. 中国农业自然灾害史料集[M]. 西安: 陕西科学技术出版社, 1994.
[126] 《陕西历史自然灾害简要纪实》编委会. 陕西历史自然灾害简要纪实[M]. 北京: 气象出版社, 2002.
[127] 张德二, 刘传志, 江剑民. 中国东部 6 区域近 1000 年干湿序列的重建和气候跃变分析[J]. 第四纪研究, 1997, (1): 1-11.
[128] 郝志新, 葛全胜, 郑景云. 过去2000年中国东部地区的极端旱涝事件变化[J]. 气候与环境研究, 2010, 15(4): 388-394.
[129] 周俊华, 史培军, 方伟华. 1736—1998 年中国洪涝灾害持续时间分析[J]. 北京师范大学学报(自然科学版), 2001, 37(3): 409-414.

[130] 万红莲, 周旗, 樊维翰, 等. 公元 600—2000 年宝鸡地区洪涝灾害发生规律[J]. 干旱区研究, 2013, 30(4): 697-704.

[131] 苏慧慧. 山西汾河流域公元前 730 年至 2000 年旱涝灾害研究[D]. 西安: 陕西师范大学, 2010.

[132] 楚纯洁, 赵景波. 宋元时期豫西山地丘陵区洪涝灾害时空分布特征[J]. 自然灾害学报, 2015, 24(5): 57-67.

[133] 徐虹, 张丽娟, 姜蓝齐. 黑龙江省公元 612—2000 年主要气象灾害时空规律研究[J]. 自然灾害学报, 2014, 23 (3): 107 -118.

[134] 朱圣钟. 明清时期凉山地区水旱灾害时空分布特征[J]. 地理研究, 2012, 31 (1): 23-33.

[135] 马强, 杨霄. 明清时期嘉陵江流域水旱灾害时空分布特征[J]. 地理研究, 2013, 32(2): 257-265.

[136] 孙金岭, 何元庆, 何则, 等. 基于 Morlet 小波的清代民国河西走廊洪涝灾害与气候变化研究[J]. 干旱区资源与环境, 2016, 30(1): 60-65.

[137] 詹道江, 谢悦波. 古洪水研究[M]. 北京: 中国水利水电出版社, 2001.

[138] Hitchcock E. Report on the Geology, Mineralogy, Botany and Zoology of Massachusetts[M]. London: British Library, Historical Print Edit, 2011.

[139] Baker V R. Catastrophism and Uniformitarianism: Logical Roots and Current Relevance [M]. London: The Geological Society, 1998.

[140] Dana J D. The flood of the Connecticut River valley from the melting of the Quaternary glacier[J]. American Journal of Science, 1882, 23(134): 87-97.

[141] Tarr R S. A hint with respect to the origin of terraces in glaciated regions[J]. American Journal of Science, 1892, 144(259): 59-61.

[142] Bretz J H. The channeled scablands of the columbia plateau[J]. The Journal of Geology, 1923, 31(8): 617-649.

[143] Bretz J H. Valley deposits immediately east of the channeled scabland of Washington. II[J]. The Journal of Geology, 1929, 37(6): 505-554.

[144] Benito G, Sopena A, Sánchez-Moya Y, et al. Paleoflood record of the Tangus River (central Spain) during the Late Pleistosene and Holocene[J]. Quaternary Science Reviews, 2003, 22: 1737-1756.

[145] Baker V R. Paleohydrology and sedimentology of Lake Missoula flooding in Eastern Washington[J]. Special Paper of the Geological Society of America, 1973, 144: 1-79.

[146] Baker V R. Paleohydraulic interpretation of Quaternary alluvium near Golden, Colorado[J]. Quaternary Research, 1974, 4(1): 94-112.

[147] Baker V R. Techniques and problems in estimating Holocene flood discharges[A]. Madison: The 3rd Biennial Meeting, 1974.

[148] Baker V R. Flood Hazards Along the Balcones Escarpment in Central Texas Alternative Approaches to Their Recognition, Mapping and Management[M]. Texas: University of Texas, 1975.

[149] Patton P C, Baker V R, Kochel R C. Slack-water deposits: a geomorphic technique for the

interpretation of fluvial paleohydrology[A]//Rhodes D P, Williams G P. Adjustments of the Fluvial System[C]. Dubuque: Kendall/Hunt, 1979.

[150] Baker V R, Pickup G. Flood geomorphology of the Katherine Gorge, Northern Territory, Australia[J]. Geological Society of America Bulletin, 1987, 98(6): 635-646.

[151] Baker V R. Paleoflood hydrology: origin, progress, prospects[J]. Geomorphology, 2008, 101(1-2): 1-13.

[152] Baker V R. Global late Quaternary fluvial paleohydrology with special emphasis on paleofloods and megafloods[A]//Shroder J, Wohl E E. Fluvial Geomorphology[C]. San Diego: Academic Press, 2013.

[153] 朱诚, 郑朝贵, 马春梅, 等. 长江三峡库区中坝遗址地层古洪水沉积判别研究[J]. 科学通报, 2005, 50(20): 2240-2250.

[154] 张芸, 朱诚, 张之恒. 长江三峡巫山下沱遗址环境考古[J]. 海洋地质与第四纪地质, 2007, 27(3): 113-118.

[155] 吴立. 江汉平原中全新世古洪水事件环境考古研究[D]. 南京: 南京大学, 2013.

[156]夏正楷, 杨晓燕. 我国北方4 ka B. P. 前后异常洪水事件的初步研究[J]. 第四纪研究, 2003, 23(6): 667-674.

[157] 夏正楷, 王赞红, 赵青春. 我国中原地区 3500 aBP 前后的异常洪水事件及其气候背景[J]. 中国科学D辑, 2003, 33(9): 881-888.

[158] 杨达源, 王云飞. 近 2000 年淮河流域地理环境的变化与洪灾——淮河中游的洪灾与洪泽湖的变化[J]. 湖泊科学, 1995, 7(1): 1-7.

[159] 谢悦波, 刘金涛, 沈起鹏. 黄河小浪底河段古洪水沉积[J]. 河海大学学报(自然科学版), 2001, 29(4): 27-30.

[160] 葛兆帅, 杨达源, 谢悦波, 等. 沁河流域全新世特大洪水及其重现期初步研究[J]. 自然灾害学报, 2004, 13(5): 144-148.

[161] 谢悦波, 刘晓风, 王平, 等. 加入古洪水资料后的设计洪水成果合理性分析[J]. 河海大学学报(自然科学版), 2000, 28(4): 8-12.

[162] 杨毅. 红水河历史洪水调查考正及重现期的确定[J]. 广西水利水电科技, 1983, (2): 39-47.

[163] 张星. 广西右江历史洪水调查[J]. 红水河, 2011, 30(4): 85-89.

[164] 陈海山. 历史洪水调查方法[J]. 农业科技与装备, 2013, (5): 51-52.

[165] 杨晓飞. 历史洪水调查在设计洪水分析中的重要性探析[J]. 陕西水利, 2016, (2): 126-128.

[166] 叶道良. 福建河流水量分布及历史洪水考证[J]. 水利科技, 1998, (4): 1-4.

[167] 王岩, 齐宝林, 刘杰. 关于历史洪水重现期的考证[J]. 内蒙古水利. 2010, (1): 23.

[168] 黄运才, 秦秉直. 漓江桂林历史大洪水的考证与设计洪水[J]. 红水河, 2003, 22(3): 69-72.

[169] 王尚义, 任世芳. 流域内洪水和古洪水资料的考证与推演[N]. 光明日报, 2011-4-7(11).

[170] 辛忠礼, 文琼秀. 溪洛渡水电站工程历史洪水调查考证[J]. 水力发电, 1997, (11): 14-16.

[171] 史威, 朱诚, 焦锋, 等. 长江上游玉溪地层 6567～6489aBP 洪水频发事件的历史文献考证分析[J]. 长江流域资源与环境, 2011, 20(2): 251-256.

[172] 魏一鸣, 金菊良, 杨存健, 等. 洪水灾害风险管理理论[M]. 北京: 科学出版社, 2002.

[173] 万庆. 洪水灾害系统分析与评估[M]. 北京: 科学出版社, 1999.
[174] 周成虎. 洪水灾害系统分析[J]. 中国减灾, 1992, 2(3): 19-21.
[175] 魏一鸣, 杨存键, 金菊良. 洪水灾害分析与评估的综合集成方法[J]. 水科学进展, 1999, 10(1): 25-30.
[176] Ologunorisa E T. An assessment of flood risk in the Niger delta, Nigeria[D]. Nigeria: University of Port-Harcourt, 2001.
[177] European Commission. Directive 2007/60/EC of the European Parliament and of the Council of 23 October 2007 on the Assessment and Management of Flood Risks[M]. Brussels: European Commission, 2007.
[178] Crichton D. The Risk Triangle[M]. London: Tudor Rose, 1999.
[179] 魏一鸣, 金菊良, 周成虎, 等. 洪水灾害评估体系研究[J]. 灾害学, 1997, 12(3): 1-5.
[180] 蒋卫国, 李京, 陈云浩, 等. 区域洪水灾害风险评估体系(Ⅰ)——原理与方法[J]. 自然灾害学报, 2008, 17(6): 53-59.
[181] 黄崇福, 郭君, 艾福利, 等. 洪涝灾害风险分析的基本范式及其应用[J]. 自然灾害学报, 2013, 22(4): 11-23.
[182] 张会, 张继权, 韩俊山. 基于 GIS 技术的洪涝灾害风险评估与区划研究——以辽河中下游地区为例[J]. 自然灾害学报, 2005, 14(6): 141-146.
[183] 毛德华, 何梓霖, 贺新光, 等. 洪灾风险分析的国内外研究现状与展望(Ⅰ)——洪水为害风险分析研究现状[J]. 自然灾害学报, 2009, 18(1): 139-149.
[184] 高吉喜, 潘英姿, 柳海鹰, 等. 区域洪水灾害易损性评价[J]. 环境科学研究, 2004, 17(6): 30-34.
[185] 张林鹏, 魏一鸣, 范英. 基于洪水灾害快速评估的承灾体易损性信息管理系统[J]. 自然灾害学报, 2002, 11(4): 66-73.
[186] 廖丹霞, 杨波, 王慧彦, 等. 基于 GIS 的河北省滦县洪水灾害风险评价[J]. 自然灾害学报, 2014, 23(3): 93-100.
[187] Sinnakaudan S K, Ghani A A, Ahmad M S S, et al. Flood risk mapping for Pari River incorporating sediment transport[J]. Environmental Modelling and Software, 2003, 18(2): 119-130.
[188] van Der Most H , Wehrung M. Dealing with uncertainty in flood risk assessment of dike rings in the netherlands[J]. Natural Hazards, 2005, 36(1-2): 191-206.
[189] Robins C R, Buck B J, Williams A J, et al. Comparison of flood hazard assessments on desert piedmonts and playas: a case study in ivanpah valley, Nevada[J]. Geomorphology, 2009, 103(4): 520-532.
[190] Kim Y O, Seo S B, Jang O J. Flood risk assessment using regional regression analysis[J]. Natural Hazards, 2012, 63(2): 1203-1217.
[191] Elmoustafa A M. Weighted normalized risk factor for floods risk assessment[J]. Ain Shams Engineering Journal, 2012, 3(4): 327-332.
[192] 谭徐明, 张伟兵, 马建明, 等. 全国区域洪水风险评价与区划图绘制研究[J]. 中国水利水

电科学研究院学报, 2004, 2(1): 50-60.
[193] 张琴英, 卫海燕, 查小春. 基于 ArcView 和 ArcInfo 的不同重现期洪水淹没区域的预测以及成图方法——以西安市浐灞生态区为例[J]. 水土保持研究, 2007, 14(1): 284-286.
[194] 李明辉, 李友辉, 易卫华, 等. 江西省中小河流洪水风险评价研究[J]. 人民长江, 2011, 42(13): 31-34.
[195] 张正涛, 高超, 刘青, 等. 不同重现期下淮河流域暴雨洪涝灾害风险评价[J]. 地理研究, 2014, 33(7): 1361-1372.
[196] 项捷, 许有鹏, 杨洁, 等. 城镇化背景下中小流域洪水风险研究——以厦门市东西溪流域为例[J]. 水土保持通报, 2016, 36(2): 283-287.
[197] 徐镇凯, 黄海鹏, 魏博文, 等. 基于系统多层次灰色模型的洪灾风险综合评价方法——以鄱阳湖流域为例[J]. 南水北调与水利科技, 2015, 13(1): 20-23.
[198] 雷晓云, 何春梅. 基于信息扩散理论的洪水风险评估模型的研究及应用——以阿克苏河流域新大河暴雨融雪型洪水为例[J]. 水文, 2004, 24(4): 5-8.
[199] 李绍飞, 余萍, 孙书洪. 基于神经网络的蓄滞洪区洪灾风险模糊综合评价[J]. 中国农村水利水电, 2008, (6): 60-64.
[200] 杨乐婵, 邓松, 徐建辉. 基于 BP 网络的洪灾风险评价算法[J]. 计算机技术与发展, 2010, 20(4): 232-234, 238.
[201] 王建华. 基于模糊综合评判法的洪水灾害风险评估[J]. 水利科技与经济, 2009, 15(4): 338-340.
[202] 傅湘, 王丽萍, 纪昌明. 极值统计学在洪灾风险评价中的应用[J]. 水利学报, 2001, 32(7): 8-13.
[203] 庞西磊, 黄崇福, 艾福利. 基于信息扩散理论的东北三省农业洪灾风险评估[J]. 中国农学通报, 2012, 28(8): 271-275.
[204] 赖成光, 陈晓宏, 赵仕威, 等. 基于随机森林的洪灾风险评价模型及其应用[J]. 水利学报, 2015, 46(1): 58-66.
[205] 赖成光, 王兆礼, 宋海娟. 基于 BP 神经网络的北江流域洪灾风险评价[J]. 水电能源科学, 2011, 29(3): 57-59, 161.
[206] 石蓝星, 唐德善, 孟颖, 等. 基于改进物元可拓模型的城市洪灾风险评价[J]. 人民黄河, 2017, 39(7): 71-74, 79.
[207] 李绍飞, 冯平, 孙书洪. 突变理论在蓄滞洪区洪灾风险评价中的应用[J]. 自然灾害学报, 2010, 19(3): 132-138.
[208] 李奥典, 唐德善, 王海华, 等. 基于 ANP-LVQ 方法的城市洪灾风险评价[J]. 水电能源科学, 2015, (2): 46-49.
[209] 陕西省地方志编纂委员会. 陕西省志·气象志[M]. 北京: 气象出版社, 2001.
[210] 杨坤光, 袁晏明. 地质学基础[M]. 武汉: 中国地质大学出版社, 2009.
[211] 王明明. 汉中盆地发育机制及构造演化研究[J]. 国际地震动态, 2014, (7): 41-45.
[212] 刘科. 秦岭南北河流不同时间尺度洪水水文学比较研究[D]. 西安: 陕西师范大学, 2015.
[213] 沈玉昌. 汉水河谷的地貌及其发育史[J]. 地理学报, 1956, 22(4): 296-323.

[214] 陕西省地方志编纂委员会. 陕西省志地理志[M]. 西安: 陕西人民出版社, 2000.
[215] 安康市地方志编纂委员会. 安康地区志[M]. 西安: 陕西人民出版社, 2004.
[216] 汉中市地方志编纂委员会. 汉中地区志[M]. 西安: 三秦出版社, 2005.
[217] 黄宁波, 王义民, 苏保林. 汉江上游洪水特性复杂度分析[J]. 南水北调与水利技, 2012, 10(1): 45-48.
[218] 龙平沅. 汉江上游流域生态环境需水量研究[D]. 西安: 西安理工大学, 2006.
[219] 温克刚, 丁一汇. 中国气象灾害大典: 综合卷[M]. 北京: 气象出版社, 2008.
[220] 温克刚, 翟佑安. 中国气象灾害大典: 陕西卷[M]. 北京: 气象出版社, 2005.
[221] 温克刚, 姜海如. 中国气象灾害大典: 湖北卷[M]. 北京: 气象出版社, 2007.
[222] 温克刚, 庞天荷. 中国气象灾害大典: 河南卷[M]. 北京: 气象出版社, 2005.
[223] 张德二. 中国三千年气象记录总集[M]. 南京: 凤凰出版社, 2004.
[224] 范晔. 后汉书[M]. 北京: 中华书局, 2007.
[225] 旬阳县地方志编纂委员会. 旬阳县志[M]. 北京: 中国和平出版社, 1996.
[226] 洋县地方志编纂委员会. 洋县志[M]. 西安: 三秦出版社, 1996.
[227] 勉县地方志编撰委员会. 勉县志(1987-2007)[M]. 西安: 陕西人民出版社, 2018.
[228] 宁强县志编纂委员会. 宁强县志[M]. 西安: 陕西师范大学出版社, 1995.
[229] 安康市地方志编纂委员会. 安康县志[M]. 西安: 陕西人民出版社, 1989.
[230] 白河县地方志编纂委员会. 白河县志[M]. 西安: 陕西人民出版社, 1996.
[231] 丹凤县志编纂委员会. 丹凤县志[M]. 西安: 陕西人民出版社, 1994.
[232] 南郑县地方志编纂委员会. 南郑县志[M]. 北京: 中国人民公安大学出版社, 1990.
[233] 汉中市地方志编纂委员会. 汉中市志[M]. 北京: 中共中央党校出版社, 1994.
[234] 留坝县地方志编纂委员会. 留坝县志[M]. 西安: 陕西人民出版社, 2002.
[235] 石泉县地方志编纂委员会. 石泉县志[M]. 西安: 陕西人民出版社, 1991.
[236] 城固县地方志编纂委员会. 城固县志[M]. 北京: 中国大百科全书出版社, 1994.
[237] 陕西省气象局气象台. 陕西省自然灾害史料[M]. 西安: 陕西省气象局, 1976.
[238] 来天成, 郝宗刚. 安康“83. 8”洪水灾害及防汛工作简析[J]. 灾害学, 1991, (3): 55-60.
[239] 沈桂环, 李军社. 汉江上游"2010. 7"特大暴雨洪水分析[J]. 甘肃科技纵横, 2011, 40(3): 66-67, 70.
[240] 陕西地方志编纂委员会. 陕西省志——水利志(第 13 卷)[M]. 西安: 陕西人民出版社, 1999.
[241] 赵春明, 刘雅鸣, 张金良, 等. 20 世纪中国水旱灾害警示录[M]. 郑州: 黄河水利出版社, 2002.
[242] 庞奖励, 黄春长, 周亚利 , 等. 汉江上游谷地全新世风成黄土及其成壤改造特征[J]. 地理学报, 2011, 66(11): 1562-1573.
[243] 黄媛, 李蓓蓓, 李忠明. 基于日记的历史气候变化研究综述[J]. 地理科学进展, 2013, 32(10): 1545-1554.
[244] 王尚义. 两汉时期黄河水患与中游土地利用之关系[J]. 地理学报, 2003, 58(1): 73-82.
[245] 许武成, 王文. 洪水等级的划分方法[J]. 灾害学, 2003, 18(2): 68-73.

[246] 顾静, 黄河清, 周杰, 等. 泾河流域 1644-2003 年洪涝灾害和洪水沉积特征研究[J]. 灾害学, 2015, 30(1): 16-20.

[247] 赵英杰, 查小春. 渭河下游历史洪涝灾害对农业经济发展的影响及其减灾措施研究[J]. 经济地理, 2013, 33(5): 124-130.

[248] 中央气象局气象科学研究院. 中国近五百年旱涝分布图集[M]. 北京: 中国地图出版社, 1981.

[249] 脱脱. 宋史[M]. 北京: 中华书局, 1977.

[250] 梁国银. 十堰市志[M]. 北京: 中华书局, 1999.

[251] 蔡新明, 董志勇, 张永华. HEC 系列水利软件的应用[J]. 浙江水利科技, 2005, (6): 20-23, 29.

[252] Brunner G W. HEC-RAS River Analysis System. Hydraulic Reference Manual. Version 3.0[M]. Davis, CA: US Army Corps of Engineers Hydrology Engineering Center , 2001.

[253] 李磊, 李月玉, 孙艳, 等. HEC-RAS 软件在桥梁防洪评价中的应用[J]. 水力发电, 2008, 34(3): 103-105.

[254] 邓显羽, 李文枫. HEC-RAS 模型在密江特大桥防洪评价中的应用[J]. 南水北调与水利科技, 2012, 10(1): 139-141.

[255] Hydrologic Engineering Center. HEC-RAS User's Manual 4.1[M]. Davis, CA: US Army Corps of Engineers, 2010.

[256] 朱震达. 汉江上游丹江口至白河间的河谷地貌[J]. 地理学报, 1955, 21(3): 259-271.

[257] 武汉水利电力学院. 水力学[M]. 北京: 高等教育出版社, 1986.

[258] Brunner G W. HEC-RAS River Analysis System. Hydraulic Reference Manual. Version 3.0[M]. Davis, CA: US Army Corps of Engineers Hydrology Engineering Center, 2001.

[259] 詹道江, 徐向阳, 陈元芳. 工程水文学(第 4 版)[M]. 北京: 中国水利水电出版社, 2010.

[260] 冯宝飞, 高袁, 陈瑜彬, 等. 丹江口水库“10. 07”洪水水文气象耦合预报调度[J]. 人民长江, 2011, 42(6): 41-44.

[261] 张楷. 汉江上游暴雨洪水特性研究[J]. 灾害学, 2006, 21(3): 98-102.

[262] 党红梅, 周义兵, 李定安, 等. 汉江流域致灾暴雨的天气学分析[J]. 陕西气象, 2011, (5): 14-17.

[263] 王学琪. 汉江上游流域暴雨洪水特征[J]. 陕西水利, 1988, (1): 28-33.

[264] 杨之麟. 汉江上游“83. 7”特大洪水与安康水电站设计洪水复核[J]. 水力发电, 1987, (4): 4-7, 51.

[265] 中华人民共和国国家质量监督检验检疫总局, 中国国家标准化管理委员会. 水文情报预报规范(GB/T 22482—2008)[M]. 北京: 中国质检出版社, 2011.

[266] 吴天蛟, 杨汉波, 李哲, 等. 基于 MIKE11 的三峡库区洪水演进模拟[J]. 水力发电学报, 2014, 33(2): 51-57.

[267] 殷淑燕, 王海燕, 王德丽, 等. 陕南汉江上游历史洪水灾害与气候变化[J]. 干旱区研究, 2010, 27(4): 522-528.

[268] 刘希林, 王小丹. 云南省泥石流风险区划[J]. 水土保持学报, 2000, 14(3): 104-107.

[269] 夏秀芳. 基于 GIS 的嘉陵江沙坪坝段洪水灾害风险评价[D]. 重庆: 西南大学, 2012.

[270] 赵文廷. 现行土地利用类型划分漏洞分析及其修复建议[J]. 环球市场信息导报, 2015, (8): 45.

[271] 贺海霞, 龚正杰, 桑广书. 安康市土地利用/覆盖变化的驱动因素分析[J]. 云南地理环境研究, 2014, 26(1): 48-54, 66.

[272] United Nations, Department of Humanitarian Affairs. Mitigating Natural Disasters. Phenomena, Effects and Options. A. Manual for Policy Makers and Planners[M]. New York: United Nations Publication, 1991.

[273] 竺可桢. 中国近五千年来气候变迁的初步研究[J]. 考古学报, 1972, (1): 15-38.

[274] 施雅风, 沈永平, 李栋梁, 等. 中国西北气候由暖干向暖湿转型的特征和趋势探讨[J]. 第四纪研究, 2003, 23(2): 152-164.

[275] 张丕远. 中国历史气候变化[M]. 济南: 山东科学技术出版社, 1996.

[276] 王绍武. 全新世气候变化[M]. 北京: 气象出版社, 2011.

[277] 姚檀栋, 施雅风, 秦大河, 等. 古里雅冰芯中末次间冰期以来气候变化记录研究[J]. 中国科学(D 辑: 地球科学), 1997, 27(5): 447-452.

[278] 洪业汤, 姜洪波, 陶发祥, 等. 近 5ka 温度的金川泥炭 δ^{18}O 记录[J]. 中国科学(D 辑: 地球科学), 1997(6): 525-530.

[279] 强明瑞, 陈发虎, 张家武, 等. 2 ka 来苏干湖沉积碳酸盐稳定同位素记录的气候变化[J]. 科学通报, 2005, 50(13): 1385-1393.

[280] 葛全胜, 郑景云, 方修琦, 等. 过去 2000 年中国东部冬半年温度变化[J]. 第四纪研究, 2002, 22(2): 166-173.

[281] 葛全胜, 郑景云, 郝志新, 等. 过去 2000 年中国气候变化的若干重要特征[J]. 中国科学(地球科学), 2012, 42(6): 934-942.

[282] 葛全胜, 郑景云, 郝志新. 过去 2000 年亚洲气候变化(PAGES-Asia2k)集成研究进展及展望[J]. 地理学报, 2015, 70(3): 355-363.

[283] 葛全胜, 方修琦, 郑景云. 中国历史时期气候变化影响及其应对的启示[J]. 地球科学进展, 2014, 29(1): 23-29.

[284] 郑景云, 王绍武. 中国过去 2000 年气候变化的评估[J]. 地理学报, 2005, 60(1): 21-31.

[285] 陈家其, 姜彤, 许朋柱. 江苏省近两千年气候变化研究[J]. 地理科学, 1998, 18(3): 219-226.

[286] 张美良, 程海, 林玉石, 等. 贵州荔波地区 2000 年来石笋高分辨率的气候记录[J]. 沉积学报, 2006, 24(3): 339-348.

[287] 杨保, 康兴成, 施雅风. 近 2000 年都兰树轮 10 年尺度的气候变化及其与中国其它地区温度代用资料的比较[J]. 地理科学, 2000, 20(5): 397-402.

[288] 李偏, 张茂恒, 孔兴功, 等. 近 2000 年来东亚夏季风石笋记录及与历史变迁的关系[J]. 海洋地质与第四纪地质, 2010, (4): 201-208.

[289] 童国榜, 石英, 吴瑞金, 等. 龙感湖地区近 3000 年来的植被及其气候定量重建[J]. 海洋地质与第四纪地质, 1997, (2): 53-61.

附录1　汉江上游东汉时期洪水灾害统计表

时间	文献来源	洪水灾情描述
延平元年(106年)	《后汉书》	关中，商洛地区，九月，六州大水。袁山松书曰："六州河、济、渭、雒、洧水盛长，泛溢伤秋稼。"
延平元年(106年)	《丹凤县志》	元月大水
永寿元年(155年)	《中国气象灾害大典：河南卷》	襄阳：六月，南阳夏大水
永寿三年(157年)	《中国气象灾害大典：河南卷》	淅川七月壬午洪水盛，多塘实灾，堤防冲博，灌渠绝
永寿三年(157年)	《中国气象灾害大典：河南卷》	秋南阳水
初平四年(193年)	《洋县志》	五月，大霖雨，洋县汉水溢
兴平二年(195年)	《中国气象灾害大典：陕西卷》	五月，洋县一带大霖雨，汉水溢
兴平二年(195年)	《洋县志》	八月，洋县大霖雨，汉水溢
建安二年(197年)	《留坝县志》	八月，大霖雨，紫柏河水溢
建安二年(197年)	《汉中地区志》	九月，汉水流害民人
	《汉中市志》	秋九月，汉水溢，泯人民
	《安康县志》	秋九月汉水溢，流人民
	《中国气象灾害大典：湖北卷》	郧县：秋，九月，汉水溢，害民人
	《中国气象灾害大典：陕西卷》	秋九，汉水溢，流人民
	《中国气象灾害大典：综合卷》	九月汉水爆发洪水，危害老百姓，当时天下大乱
	《勉县志》	九月，汉江溢
	《中国气象灾害大典：河南卷》	河南水，是岁汉江流域(南阳)大水。九月汉水溢，流害民人，是时天下大乱
	《城固县志》	九月，汉水涨溢，淹没两岸村舍、农田
	《旬阳县志》	秋九月，汉水溢
建安二十年(215年)	《宁强县志》	夏，汉水溢，漂6000余家
建安二十年(215年)	《南郑县志》	秋九月，汉水泛滥，人民被冲若干
建安二十四年(219年)	《安康县志》	秋八月，大霖雨，汉水溢
	《汉中地区志》	八月，汉水流害民人
	《汉中市志》	八月，大霖雨，汉水溢
	《石泉县志》	秋，"八月大雨，汉水溢"
	《南郑县志》	秋八月，大暴雨，汉水泛滥

续表

时间	文献来源	洪水灾情描述
	《勉县志》	八月大霖雨，汉江溢
	《宁强县志》	八月，大霖雨，汉水溢
	《中国气象大典：河南卷》	南阳八月大霖雨，汉水溢，平地数丈，流害民人
建安二十四年(219年)	《城固县志》	八月，大霖，汉水涨溢
	《中国气象大典：陕西卷》	秋，大霖雨，汉水溢，平地水数丈
	《白河县志》	九月，汉江洪水
	《旬阳县志》	秋九月，大霖雨，汉水溢

附录2 汉江上游北宋时期洪水灾害统计表

时间	文献来源	洪水灾情描述
建隆元年(960年)	《石泉县志》	七月，汉水溢，民有溺死者
建隆二年(961年)	《南郑县志》	汉水泛溢
	《城固县志》	汉江涨溢
	《旬阳县志》	汉水溢
	《安康县志》	汉水溢
太平兴国二年(977年)	《宋史·五行志》	六月，兴州江涨，毁栈道四百间
	《汉中地区志》	六月，兴州江涨，毁栈道四百间
	《陕西省志》	六月，兴州江涨，毁栈道四百间
		九月，兴州江水溢
太平兴国七年(982年)	《宋史·五行志》	六月，均州涢水、均水、汉江并涨，坏民舍，人畜死者甚众
	《十堰市志》	汉水涨，冲毁房田，人畜伤亡甚多
	《中国气象灾害大典：湖北卷》	夏六月，均州涢水、汉江并涨，坏民舍，人畜死者甚众
		均县、郧县：夏六月，汉江涨，坏民舍，人畜死者甚众
		竹溪：六月水涨，坏民居人畜
	《宋史·太宗纪》	七月，河决范济口。淮水，汉水，易水皆溢……关、陕诸州大水。
太平兴国八年(983年)	《宋史·太宗纪》	七月，河、江、汉、滹沱及祁之资、沧之胡卢、雄之易恶池水皆溢为患
太平兴国九年(984年)	《中国气象灾害大典：湖北卷》	郧县：夏六月，汉水涨，坏民舍
淳化二年(991年)	《镇安县志》	四月，河水猛涨，有灾
	《安康县志》	七月，汉江水涨，坏民田庐舍
	《宋史·五行志》	七月，汉水涨，坏民田庐舍
	《宁强县志》	七月，汉水涨，坏民庐舍
	《南郑县志》	七(8)月，汉水暴涨，冲毁民房甚多
	《城固县志》	七月，汉江水涨，毁两岸村舍、农田
	《洋县志》	七月，汉江水涨，毁境内汉江两岸农田、民舍
	《旬阳县志》	七月，汉江水涨，坏民田庐舍
	《汉中地区志》	七月，汉水涨，坏民田庐舍
	《汉中市志》	七月，汉江水涨，死人甚多
		九月又大水，损坏庐田

续表

时间	文献来源	洪水灾情描述
淳化三年(992年)	《中国气象灾害大典：湖北卷》	郧县：十月，上津县大雨，河水溢，坏民舍，溺死三十七人
淳化五年(994年)	《宋史·太宗纪》	九月辛酉，遣使分行宋、亳、陈、颍、泗、寿、邓、蔡等州按行民田，被水及种莳不及者并蠲其租
	《宋史·五行志》	秋，开封府、宋、亳、陈、颍、泗、寿、邓、蔡、润诸州雨水害稼
咸平三年(1000年)	《宋史·五行志》	七月，洋州汉水溢，民有溺死者
	《陕西省志》	七月，洋州汉水溢，民有溺死者
	《中国气象灾害大典：陕西卷》	七(8)月，洋州汉水溢，民有溺死者
	《汉中地区志》	七月，洋州汉水溢，民有溺死者
	《洋县志》	七月，洋州汉水溢，有人被淹死
	《西乡县志》	七月，洋州(辖今西乡、洋县)汉水溢，民有溺死者
景德二年(1005年)	《洋县志》	七月，汉江溢
	《汉中地区志》	七月，洋州汉水溢
景德四年(1007年)	《续资治通鉴长编》	六月，邓州(辖西峡)江水暴涨
大中祥符二年(1009年)	《留坝县志》	夏，发生特大水灾。黑龙江等诸河流水涨，死人甚多，栈阁毁坏
大中祥符九年(1016年)	《南郑县志》	八(9)月，大水
	《陕西省志》	八月利州水漂栈阁
	《安康县志》	八月，利州水，漂栈阁
	《汉中市志》	八月，利州水，漂栈阁
	《留坝县志》	八月，黑龙江发大水，漂荡庐舍
	《旬阳县志》	八月，利州水
	《汉中地区志》	九月，利州水漂栈阁万二千八百间
	《宋史·五行志》	九月，利州水漂栈阁万二千八百间
天禧五年(1021年)	《宋史·真宗纪》	三月辛丑，京东、西水灾，赐民租十之五
天圣六年(1028年)	《文献通考·物异考》	八月，永兴军(现今辖商洛)山水暴涨，溺死居民
皇祐四年(1052年)	《石泉县志》	六月九日，汉水大溢，石泉嘴(汉阴邑署)漂没
	《旬阳县志》	六月九日汉江大溢
	《安康县志》	六月九日，汉水大溢，邑署漂没
	《陕西省志》	八月，汉水溢县署漂没
嘉祐六年(1061年)	《宋史·五行志》	七月，河北、京西、淮南、两浙、江南东西淫雨为灾
治平四年(1067年)	《旬阳县志》	八月，金州大水
	《安康县志》	八月，金州大水
熙宁四年(1071年)	《安康县志》	八月，金州大水，毁城坏官寺庐舍
	《旬阳县志》	八月，金州大水，毁城坏官寺庐舍
	《中国气象灾害大典：陕西卷》	八(8)月，金州大水，毁城，坏官私庐舍

续表

时间	文献来源	洪水灾情描述
	《白河县志》	九月，汉江洪水
熙宁八年(1075年)	《中国气象灾害大典：陕西卷》	金州大水
	《安康县志》	金州大水
	《旬阳县志》	金州大水
	《兴安府志》	金州大水
元丰三年(1080年)	《宋会要辑稿·食货》	七月十三日，韩永式言：利州路雨水，溪江泛涨，漂流民田
元祐八年(1093年)	《宋史·哲宗纪》	八月壬戌，遣使按视京东西、河南北、淮南水灾
元符二年(1099年)	《宋史·五行志》	六月，久雨，陕西、京西、河北大水，河溢，漂人民，坏庐舍
大观元年(1107年)	《宋史·五行志》	夏，河北、京西河溢，漂溺民户
大观四年(1110年)	《宋史·五行志》	夏，邓州大水，漂没顺阳县
政和三年(1113年)	《安康县志》	大水入城
靖康二年(1127年)	《城固县志》	八月，大水漂淹村舍农田

后　记

本书将古洪水研究与历史文献考证结合起来进行多学科交叉研究，考证了汉江上游沉积记录的东汉和北宋时期古洪水事件的年代，模拟计算了洪水流量，并选取洪水灾害严重的安康段进行了洪水灾害风险评价，解决了我国长尺度历史特大洪水长期无法定量问题，不仅弥补了水文计算、风险评价中资料短的问题，而且也促进了我国历史学科的发展。但是，受历史文献资料和研究时间的限制，还存在一些不足之处，在今后的研究中，我们将进行更深入的探索：

⑴时间越久远，历史文献记载的洪水灾害次数越少，洪水灾害的灾情描述越简略，这势必会影响历史洪水灾害的时空分析和古洪水事件年代的准确性。为此，在文献统计分析上，今后尽可能全面收集相关文献记载。

⑵洪水灾害强度指标不仅包括淹没水深、淹没范围，同时还包括淹没历时、洪峰流量、流速等。由于很难获取到汉江上游安康段两种尺度下不同重现期洪水准确的流速、淹没历时等数据，书中的洪水灾害危险性评价指标仅选择了洪水淹没深度，为了提高洪水灾害风险评价的精度，今后应选取全面的、合适的评价指标，对洪水风险做出科学合理的预测，以降低洪水灾害的潜在威胁和损失。

⑶仅研究了汉江上游安康至郧西 T1 阶地沉积剖面的东汉和北宋时期古洪水事件，在今后的研究中，尽可能将范围扩大到汉江上游安康段以上区域，发掘其他历史时期的古洪水事件记录，以弥补水文资料的不足，延长洪水考证研究的时间序列，提高洪水频率分析的准确性。